本书由浙江大学平衡建筑研究中心资助出版

王纪武　徐婷立　邵　晗 ◎著
吾希洪·多里洪　沈慧琪

城市文化景观韧性与规划研究

Research on the resilience and planning of urban cultural landscapes

ZHEJIANG UNIVERSITY PRESS
浙江大学出版社
·杭州·

图书在版编目（CIP）数据

城市文化景观韧性与规划研究 / 王纪武等著 .— 杭州 : 浙江大学出版社，2023.7
　　ISBN 978-7-308-23243-2

　　Ⅰ . ①城… Ⅱ . ①王… Ⅲ . ①城市景观—研究 Ⅳ . ①TU984

　　中国版本图书馆 CIP 数据核字（2022）第 212678 号

城市文化景观韧性与规划研究

王纪武　　徐婷立　　邵　晗　　吾希洪·多里洪　　沈慧琪　　著

责任编辑	许艺涛
责任校对	傅百荣
封面设计	雷建军
出版发行	浙江大学出版社
	（杭州市天目山路148号　邮政编码310007）
	（网址：http://www.zjupress.com）
排　　版	杭州兴邦电子印务有限公司
印　　刷	杭州高腾印务有限公司
开　　本	710mm×1000mm　1/16
印　　张	11.75
字　　数	152千
版 印 次	2023年7月第1版　2023年7月第1次印刷
书　　号	ISBN 978-7-308-23243-2
定　　价	68.00元

前　言

　　近年来，在文化强国的战略背景下，延续城市文脉、塑造城市特色、提高城市品质等成为城市规划与发展建设领域的重要命题。自2016年至今，我国陆续出台了《中共中央国务院关于进一步加强城市规划建设管理工作的若干意见》《城市设计管理办法》《关于进一步加强城市与建筑风貌管理的通知》等相关政策文件，凸显出城市风貌与空间品质的重要性。各地纷纷展开城市景观风貌的整治与提升工作。作为城市风貌与文化的集中展现，城市文化景观对城市空间品质的提升起着至关重要的作用。本书旨在以"韧性城市"为理论工具，研究城市文化景观的动态演化机制，以探索城市文化景观的韧性规划策略，并建立城市文化景观韧性评估体系，以促进城市文化景观可持续发展。

　　本书共有7章。第1章，简要介绍研究的背景、目的、关键问题与技术路线；第2章，基于对国内外相关研究与实践的梳理，引入系统动力学、韧性城市等理论工具，阐述城市文化景观的韧性内涵；第3章，应用系统动力学的理论工具，构建城市文化景观演化的系统动力模型以解释其韧性演化机制；第4章，以典型城市为例，深入分析城市文化景观在不同情景模式下的韧性演化过程及规划响应对策；第5章，以多尺度嵌套理论模型为基础，探讨城市文化景观多尺度嵌套机制，分析不同尺度下城市文化景观的组织和演变机制；第6章，运用城市文化景观多尺度嵌套模型的理论和技术方法进行规划实践；第7章，通过实证研究建立城市文化景观韧性评估指标体系。

　　城市文化景观韧性及规划研究，为城市文化景观的保护与传承提供了动态、可持续的研究视角与方法，响应了文化强国的战略要求和城市建设中普遍存在的"文化缺位"问题。这一理论方法的探索与实践，对指导城市规划的编制与实施，实现城市品质提升具有重要意义。本书理论结合实际，在机制研究、策略提出、评估指标体系建立等各阶段均选取典型案例展开实例研究，兼顾理论性和实践性，对我国城市的文化景观保护与发展也有一定的借鉴价值。

目　录

1

2

第5章　城市文化景观的多尺度嵌套特征 ……………81

第 1 章 绪 论

1.1 研究背景与对象

1.1.1 研究背景

（1）提升城市发展质量、塑造城市文化特色是当前以及未来一段时间内我国城市发展规划与建设的重要内容。

近年来，伴随着新型城镇化战略的实施，城市特色的塑造和城市文脉的传承愈发受到重视。2021年4月，住建部印发《关于进一步加强城市与建筑风貌管理的通知》，强化了城市及建筑风貌的自然生态、历史人文、景观品质等方面的管理工作及要求。

城市文化景观的形成受到自然地理、人文历史的长期作用，蕴含着丰富的历史信息与文化价值，在城市特色塑造、城市品质提升方面发挥着重要作用。因此，城市文化景观保护与更新受到越来越多的关注。据中国知网主题词关注度指数分析，国内学者自2000年开始关注到文化景观，且研究热度逐年递增。

（2）城市化加速发展在取得伟大成就的同时，也造成了城市建设质量不高、风貌特色缺失的普遍性问题。

伴随着城市化加速发展、大规模城市发展与建设，城市文化景观、风貌特色面临剧烈的扰动或压力。高强度的现代城市建设对城市文化景

1

观本体以及城市文化景观环境构成了巨大的扰动作用。

城市文化景观是自然本底和人类社会经济活动长期相互作用的结果。在短时间内，现代社会经济发展改变了既有城市空间及其文化景观的演进发展机制、路径，使城市空间、形态肌理、城市结构、风貌特色发生了巨大变化。塑造城市风貌特色、提升城市空间品质已成为当前我国城市发展建设中的重要问题。

（3）韧性城市是解释城市系统演化动力机制的有效理论方法，为研究城市文化景观的演进机制、规划对策提供了适用的理论工具。

新冠疫情引发了人们对城市防灾体系的广泛关注，更促成了韧性城市规划的研究热潮。2020年底，党的十九届五中全会审议通过的"十四五"规划建议中首次提出要建设韧性城市。

在此之前，韧性城市就已成为城市可持续发展研究的热点领域之一。面对日益严峻的不确定性灾害，韧性城市的自我调节性、适应性使城市具备了积极响应外部扰动并保持城市系统稳定、安全保障的能力。其中，不确定性灾害不仅指快速冲击型灾害，如地震、洪水、疾病传播等，也包括价值冲突、气候变化等累积型灾害。

城市历史文脉的延续，需要在不破坏原真性、完整性的基础上，充分挖掘城市文化景观特有价值，使其满足当代城市社会经济活动的需求，实现可持续的动态保护与发展演进。韧性城市理论方法以系统的复杂性和变化性为前提，为文化景观的保护和发展提供新思路[1]。

（4）韧性城市理论已广泛应用于城市发展与规划研究，并有大量的韧性城市规划实践可供借鉴和参考。

在韧性城市理论的指导下，国内外开展了大量的韧性城市规划实践。2018年、2019年韧性城市大会（Resilient Cities Congress）探讨了近年来韧性城市构建的新方案，主要涉及自然保护、智慧技术以及历史文化遗产保护等内容[2]。我国则将"韧性城市"理念纳入国家战略规划，通过国际合作和积极探索开展韧性城市的研究与实践。目前，北京、上海、广州均已将"韧性城市"建设纳入城市总体规划或城市国土空间总体规划，并相继开展韧性城市评价指标体系、问题导向的韧性城市规划研究与建设实践。

1.1.2 研究对象与研究范畴

本书的研究对象为城市文化景观。1992年，世界遗产委员会第16届大会正式提出"文化景观"（cultural landscape）的概念，即一种结合人文与自然，侧重于地域景观、历史空间、文化场所等多种范畴的遗产对象[3]。

世界遗产委员会将文化景观划分为设计景观、有机演进景观与关联性景观等3种类型。其中，"设计景观"是指明确定义的人类刻意设计及创造的景观，包含出于美学原因建造的园林和公园景观。此类景观通常（但不总是）与宗教或其他纪念性建筑物或建筑群相结合，例如西班牙的阿兰胡埃斯王宫（见图1-1）。"有机演进景观"产生于社会、经济、行政以及宗教需要，并通过与周围自然环境的联系、互动而发展形成。

图1-1 西班牙的阿兰胡埃斯王宫

资料来源：https://whc.unesco.org/en/list/1044。

这种景观反映了其形式和重要组成部分的进化过程，具体包括至今仍然持续使用或已经成为遗址的乡土聚落、农田、种植园、葡萄园及矿产作业区等，例如意大利的皮埃蒙特葡萄园（见图1-2）。"关联性景观"体现了强烈的与自然因素、宗教、艺术或文化的关联，多为经人工养护的自然胜景。我国众多古岳名山都是此类文化景观的典型代表，例如庐山（见图1-3）。需要注意的是，部分文化景观同时满足多种文化景观标准

图1-2　意大利的皮埃蒙特葡萄园

资料来源：https://whc.unesco.org/en/list/1390。

图1-3　中国的庐山风景名胜区

资料来源：https://whc.unesco.org/en/list/778。

要求，例如中国杭州的西湖同时具备有机演进景观和关联性景观的特征。

虽然世界遗产委员会对文化景观进行了清晰定义和系统分类，但文化景观仍具有丰富和多元的文化内涵以及显著的地域性。2006 年，国际文化景观科学委员会提出了开放文化景观概念，并广泛征集各地的意见，以确立文化景观的地方含义[4]。

出于文化景观保护、更新以及管理的具体实践需求，不同地区对文化景观产生了不同的类型划分标准。

美国国家公园管理局将美国文化景观遗产划分为文化人类学景观、历史设计景观、历史乡土景观、历史场所景观等 4 种类型。其中，"文化人类学景观"主要指由古代人类与其生存的自然、文化环境共同构成的，在人类学意义上对其民族的历史文化演进有重要影响作用的宗教圣地、遗产廊道等地域文化景观，例如始于 1817 年，代表美国内湖航运文化的伊利运河文化景观。"历史设计景观"是指反映人类对自然环境再创造的景观类型，除了反映历史上设计者的审美意识，也包括一些历史上有意识地按照当时的设计法则建造的杰出建筑、工程类设计景观，例如历史园林。"历史乡土景观"是指被场所的使用者通过他们的行为塑造而形成的景观，反映了所属地区的文化及社会特征，景观的社会职能在这种景观中扮演了重要的角色，例如历史村落。"历史场所景观"，即与国家、民族历史发展紧密相关的景观类型；具体而言，历史场所景观包括联系着相关历史事件、人物以及历史活动的遗存环境，例如历史街区、历史遗址等[5]。可以看出，美国对文化景观的分类标准是在世界遗产委员会的基础上发展而来的，同时又有一定的调整和拓展。

我国学者也对文化景观的内涵与分类进行了广泛的探讨。李和平[6]将文化景观分为：包括古典园林、陵寝及与周边整体环境及建筑群在内的"设计景观"；作为历史见证，社会文化意义更甚于艺术成就与功能价值的"遗址景观";被使用者行为所塑造,显示出时间在空间中的沉积与人行为活动之文化意义的"场所景观";延续着相应的社会职能,展示了历史的演变与发展的"聚落景观";具有较大尺度,超越单体景观对象,强调相关历史景观之间文化关联性的"区域文化景观"。单霁翔[7]将我国文化景观分为:维护持续发展演变的"城市类文化景观";反映土地合理利用的"乡村类文化景观";形成丰富审美意境的"山水类文化景观";揭示人类文明成就的"遗址类文化景观";营造独特精神体验的"宗教类文化景观";延续社区传统生活的"民俗类文化景观";记录社会变革发展的"产业类文化景观";体现人类和平诉求的"军事类文化景观"。

根据以上的梳理,由于历史背景、研究视角、关注问题的不同,文化景观的概念及范畴也存在一定的差异性。2011年11月,联合国教科文组织颁布了《关于城市历史景观的建议书》,这一文件也蕴含着以文化景观视角审视历史城镇及其建成环境的思想。作为历史城镇的景观核心和基本单元,历史街区既是历史城镇城市文化景观的子系统,同时其自身也构成独立的城市文化景观系统。城市文化景观是文化景观的一种,通常可根据人口密集程度、就业构成、建筑物密集程度等标准进行划分[8]。郭凌等[9]将城市文化景观定义为附着在城市自然地理上的人类活动形态与文化现象综合体。范霞[10]从人文地理学的视角论证了城市景观具有物质实体和意识形态的双重属性,并指出城市景观形成演变的起点是自然景观。

基于上述对文化景观以及城市文化景观的探讨,本书所探讨的城市文化景观是指位于人口、建筑物相对密集的城市区域,在人类活动的作用下不断演进的、兼具人文价值和自然价值的城市空间景观。

1.2 研究目的与意义

1.2.1 研究目的

本书的研究目的在于解释城市文化景观演化的系统性动力机制，进而提出相应的城市规划理论与方法，以促进我国城市文化景观的可持续发展，塑造有特色的、有品质的城市文化景观。

城市有形的物质空间背后隐藏着影响其构成的文化法则[11]。城市的空间建设反映和影响着地域文化的过去和未来，地域文化的传承也离不开城市空间这一重要载体，因此，城市物质空间形态作为文化载体具有重要研究价值，应用韧性城市理论可解读、分析城市空间形态或风貌特色的演变规律，进而通过相应的城市规划及空间管理，促进城市文化景观的可持续发展。

1.2.2 研究意义

（1）从韧性反馈作用的角度来研究城市文化景观的演进与规划

在以"规划增长"为主的城市发展进程中，城市特有的历史信息与文化价值经受了巨大的扰动和冲击。我国城市"千城一面"等特色趋同问题已经是城市建设、规划设计领域面临的普遍性重要课题[12]。本书从城市文化景观的动态演进入手，探讨城市文化景观响应外部扰动的韧性反馈机制，进而为塑造城市特色找到空间依据，让城市像生命体一样，保持其自身独特的演进轨迹，在空间上展现文化自信，更进一步推动传统文化在空间层面上的创造性转化和发展。

（2）以动态、系统性保护的韧性规划方法应对静态保护的问题

随着对保护更新的理解深入、要求的提升，传统的城市文化景观规划与策略所具有的静态、刚性、强干预等问题逐步显现出来，已不能适应我国城市发展建设的需要。本书基于"遗产价值"的文化景观概念，应用韧性城市和系统动力学的理论方法，将城市文化景观视作动态演进的复杂系统。在此基础上研究城市文化景观的韧性演化机制，并结合实际案例提出相应的韧性规划策略，以引导城市文化景观适应新的发展需求，促进城市文化景观实现以地域文化为核心的持续演进与提升。

（3）拓宽韧性城市研究视野，发展城市文化景观规划理论方法

"韧性"自从被提出后，其概念经历了不断的深入与完善。从最初的工程学科逐步拓展到心理学、生态学、城乡规划学、建筑学等学科。国内现有的韧性城市研究中，侧重于气候变化、地震、疫情等突发性灾害扰动与城市响应对策。本书将韧性城市理论创造性地应用于文化景观保护。一方面，韧性城市理论适用于解读具有动态性、复杂性、多维性的城市文化景观；另一方面，城市文化景观对于保持城市风貌特色、提升城市环境品质具有重要的意义。因此，本书构建了城市文化景观韧性演进的分析方法，补充完善城市文化景观规划理论与方法，在较大程度上拓宽了韧性城市规划理论的实践应用范围。

1.3 研究的关键问题

1.3.1 明确城市文化景观演进的系统扰动与反馈机制

首先，研究明确城市文化景观演变的扰动作用及其韧性反馈机制是实施城市文化景观动态保护的前提和基础。我们通过对城市文化景观概

念与内涵的梳理和分析，厘清构成城市文化景观的基本要素，并辨识导致文化景观要素变化的外部扰动因素。其次，研究城市文化景观韧性的韧性演化路径与系统反馈形式，即研究城市文化景观系统在历史演变历程中如何发挥系统韧性以应对外界压力并形成具有一定特色的文化景观。最后，借助生态学领域的韧性理论，分析其适应性循环模型，进而应用系统动力学的基础模型剖析城市文化景观的韧性反馈系统结构。

1.3.2 提出城市文化景观韧性提升的规划对策与方法

结合我国典型城市的实证分析，研究不同类型城市应如何立足自身基础，把准文化脉络，在城市发展过程中实现城市文化景观特色的保护、传承和发展。研究方法是在城市尺度上，分析既有城市文化景观受到外部压力冲击时，其系统要素结构的变化，以此来判断扰动形式及其对于城市文化景观系统的作用结果，进一步通过对韧性反馈机制的分析，提出相应的城市规划策略以应对压力扰动。

1.3.3 建构城市文化景观系统的韧性评估指标体系

首先，本书基于城市文化景观响应扰动的韧性反馈机制，研究城市文化景观演化的阶段性核心韧性能力。其次，通过层次分析法和德尔菲法构建城市文化景观韧性的评价框架。在这一框架中，以韧性阶段性核心能力作为评价的三个准则层，在此基础上初步筛选出具体的评价指标，并明确每一指标的具体含义和评价标准。再次，在专家基本形成一致意见的基础上，确定具体指标以及相应权重。最后，以京杭大运河（杭州拱墅段）为例进行城市文化景观韧性评价，并基于评价结果提出城市文化景观格局优化及空间引导的策略建议。

1.4 研究框架与技术路线

研究框架与技术路线如图1-4所示。

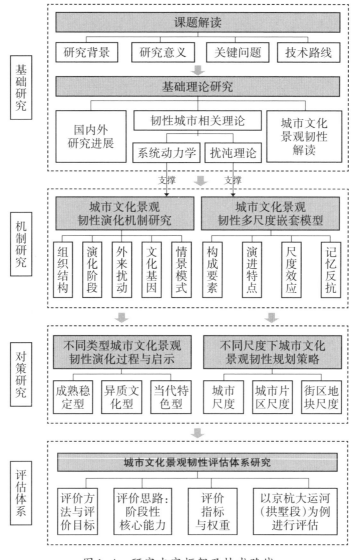

图1-4 研究内容框架及技术路线

第2章 城市文化景观的韧性分析

2.1 国内外相关研究概述

2.1.1 韧性城市相关研究

（1）韧性是城市可持续发展的重要内在机制

韧性城市已成为城市可持续发展研究的热点领域。日本学者山形与志树和伊朗学者阿尤布·谢里菲谈道："在城市规划背景下，韧性思维可用于提高现有和未来发展的应对能力，并帮助城市规划实现其本质目标。韧性思维还提倡将灾难性事件视为一种发展机遇，借此改善城市或地区的现有条件，并通过韧性发展使城市加快由低级到高级发展的速度。"[13]

韧性城市的重点在于研究城市如何积极有效地应对外界扰动，减少其发展过程的不稳定性。当代城市正面临着包括价值冲突、环境污染、能源短缺等复杂、大量、随机性强的冲击和扰动。探讨如何解决这些问题，需要采用多维视角和综合方法进行针对性研究。以兼具系统性和适应性的韧性城市为理论工具，提升城市抵抗外在扰动并不断学习、适应与自组织的能力已成为重要课题。目前，对韧性城市的相关研究主要集中在人文环境要素影响城市韧性、韧性城市理论框架、城市韧性评价、城市韧性模拟等4个方面[14]。

（2）韧性城市规划的相关研究领域不断扩展

韧性理论的概念内涵和应用领域经历了不断的深化和拓展。"韧性城市"由倡导地区可持续发展国际理事会（ICLEI）在21世纪初首次提出，主要强调韧性在城市防灾领域的应用研究；2005年，联合国大会发布的《兵库宣言》开始重点讨论"韧性"概念的防灾话题，同时将预防和消除灾害等目标纳入相关政策。可见，韧性城市的相关研究起源于城市灾害风险治理。

此后，相关研究逐步向城市韧性的建设实践发展。2013年"全球100韧性城市"项目，开启了韧性城市研究与实践的新篇章[15]。2016年通过的《新城市议程》，重点讨论了"城市的生态与韧性"话题，为韧性城市的可持续发展设定了新的全球标准[16]。近年来，我国多个城市的新一轮城市规划，也开始强调"加强城市应对灾害的能力和提高城市韧性"[17]。因此，韧性城市的理论研究与实践应用的发展趋势总体上具有"灾害防治的深化应用"和"向经济、社会、文化多领域拓展"的趋势与特征。

（3）城市韧性的系统性影响要素和提升策略

外在扰动或压力既可能是城市发展的驱动力，也可能是城市韧性的重要影响因素。我国学者结合欧美发达国家的经验，提出了应对不同事件的城市韧性增强途径。对于突发性的扰动，韧性城市理论认为必须增强城市系统的抵抗力、鲁棒性和吸收消化能力。在系统要素与结构的配置中加入冗余度，以便在发生改变或损坏时能够通过系统的韧性机制有效恢复其稳定性。而缓慢而稳定的扰动因素，则可能导致系统不可逆转的变化，并将系统转变为完全不同的状态。在这种情况下需要改进系统的应对能力、适应能力和转型能力，以使城市系统朝积极的方向发展。

2.1.2　城市文化景观相关研究

（1）侧重于遗产价值保护，动态演化研究相对欠缺

文化景观的概念源于历史遗产研究，至今该词仍较多地出现在文化遗产保护领域。因此谈及文化景观，人们的视野多集中在"具有杰出普遍价值"的"文化景观遗产"，以保护文化景观遗产价值为核心目标[3]。2005 年发布的《西安宣言》中提出要重视古建筑、古遗址的文化价值。2011 年，杭州西湖载入《世界遗产名录》，对于我国文化景观保护具有重要意义，推动了国内针对相关内容的研究发展。

从研究路径来看，现有研究主要包括文化景观变迁及原因、文化景观类型研究、文化景观空间设计等 3 个方面。刘珂秀等[18]通过案例研究，探索以文化景观保护为目的的规划设计手段。杨俊等[19]通过对南京钟山文化景观的历史变迁及成因的梳理，提出相应活化利用和可持续发展的规划策略。李和平等[5]对文化景观的类型和构成要素进行了划分，并得到了相对广泛的认同。

总体来看，目前相关研究多集中于文化景观的遗产价值分析及其物质形态保护措施的研究，对于文化景观的可持续发展，即其"未来"的研究较为缺乏。因此，在遗产保护的基础上，要进一步实现文化景观动态演化中"可持续发展"的目标。不仅要动态地观察分析文化景观的演化阶段及特征，还要强化对系统层面的动态反馈机制的审视和理解。基于可持续发展目标的韧性城市理论为文化景观的内部组织结构和动态演化机制研究提供了可行路径。

（2）局限于文化遗产本体，缺乏系统整体的研究视角

文化景观内涵丰富，具体研究对象非常广泛。从文化景观的类型来看，包括了多种空间聚居类型，例如传统聚落、历史文化街区、城市水系文化景观等。从文化景观的空间尺度来看，文化景观研究包含了节点

场景、街区尺度、城市尺度以及区域尺度等从微观到宏观的多个尺度[20]。总体来说，目前国内外对文化景观的研究，多集中在人文地理学、园林学等学科领域，强调对文化景观中具有遗产价值的本体部分的保护，而系统性以及动态演化的研究较为缺乏。

随着近年来相关研究的广泛开展，不同学科领域也开始从新的角度开展文化景观的保护与发展研究。从城乡规划学科的视角看，城市文化景观既不等同于具有杰出普遍价值的文化景观遗产，也不局限于城市内以文化属性为主的功能空间，而应从城市整体风貌和空间结构的角度进行系统审视和分析。对于城市文化景观的认识，应当突破"遗产价值"的边界，基于历史、现代和未来的连续性时间脉络，将城市文化景观看作一个动态演进的系统，更科学全面地认识和研究城市文化景观。

2.1.3 文化景观韧性研究

（1）文化景观韧性的研究是新兴议题

现阶段从韧性视角对文化景观进行研究的文献还比较少，尤其缺乏对城市文化景观韧性的相关研究。现有研究中，侯文潇等[21]详细分析了塞尔维亚巴契"演进型文化景观"的韧性演变过程及其文化特质，为认识区域尺度文化景观的动态演进性提供了可资借鉴的案例。谢雨婷[22]针对长三角大都市区不同景观类型，进行多时间片段空间模式的分析和对比，以此得到文化景观韧性评估结果，再结合文化景观特征显著性，推导出相应保护、转型与重构的文化景观空间策略，并提出了一种切实可行的文化景观韧性评估方法。文化景观韧性相比于外部作用力介入，更加强调基于文化景观原有的演进过程和规律及优化文化景观系统内部组织，提升其抵抗外部扰动的能力。将韧性城市理论应用于城市文化景观研究，是对城市文化景观认识和理解的深入，也是对原有技术路径的进一步拓展。

14

（2）国外侧重政策管理，而缺少空间设计

国外的相关研究侧重于政策管理与公共参与，而较少进行空间规划设计研究。Westi 等[23]认为，韧性视角下，文化景观保护与开发中不能只关注经济效益，也应当考虑自然生态系统以及当地人生活的可持续发展。Ileana 等[24]认为，让当地居民参与保护，并提高利益攸关者对当地景观的作用和相关性能够潜在地提高社会生态系统的复原力。国内外的政策体制和公众参与方法差异较大，但是其重视政策与规划的协同、公众参与的思想能够为城市文化景观韧性研究所用。

（3）侧重乡村型景观，忽视城市型文化景观

国内对城市文化景观韧性研究较少，对乡村文化景观韧性关注较多。吴霜[25]通过对四川林盘文化景观的空间格局和功能节点的分析，探讨如何提升乡村文化景观抵御外界冲击或灾害的能力，其对文化景观韧性的解读和研究方法值得借鉴；佘高红等[26]用韧性思维和视角探讨我国传统村落的文化景观保护问题，分析古北口文化景观演变阶段特征并提出弹性保护机制，对研究城市文化景观的韧性演化机制具有一定的参考意义。虽然城市文化景观与乡村文化景观有较大差异，但同属于演进性复杂系统，城市文化景观一定程度上能借鉴乡村文化景观的韧性研究方法。

2.1.4 小 结

纵观国内外近年来文化景观韧性的相关研究与实践，可以发现，作为韧性城市和文化景观两大热点的交叉领域，文化景观韧性研究已经成为热点研究领域。然而现有的文化景观韧性研究刚刚起步，尤其是针对城市文化景观的研究，还没有成熟的体系框架。

就城市文化景观而言，现有研究存在以下不足：缺乏系统思维，重个体细节、忽视整体，局限于分层次的解剖、细化分析，缺乏系统的关照。视角静态单一，虽然部分研究致力于分析特定文化景观的演化阶段与特

征，但是缺乏对文化景观系统要素相互作用与反馈的深入解读，难以进一步优化文化景观内部组织关系，培育其抵御与适应外部扰动的能力，实现文化景观的可持续发展和有序动态演进。因此，很有必要引入韧性城市理论，从动态、系统的韧性视角对城市文化景观进行研究。

2.2 相关理论方法研究

2.2.1 韧性理论

（1）韧性与扰动

"韧性"即"resilience"。该词源于拉丁语"Resi-Lio"，意即"回复到原始状态"。早期，"resilience"被译作"恢复力"，随后出现了"弹性"译法。近年来，"韧性"译法才成为主流。对于韧性理论的研究，总体上历经"工程韧性[27]、生态韧性[28]、社会—生态系统（social-ecological systems，SESs）韧性[29]"3个发展阶段。加拿大生态学家霍林（Holling）[30]首次系统科学地提出"层次结构、混沌性、适应性循环"等研究内容。相比于恢复力和弹力，社会—生态韧性不仅强调系统的恢复原状能力，还增加了许多新内涵（见表2-1、图2-1）。

表2-1　韧性、弹性、刚性概念差别

概念	特点
韧性	强调恢复和控制自身状态的能力，能够适应外界冲击并保持相对稳定
弹性	强调自身的自适应，强调恢复至原始状态
刚性	对外界冲击具有完全的抵抗能力

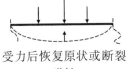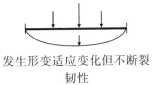

不发生任何变化　　　受力后恢复原状或断裂　　发生形变适应变化但不断裂
　　刚性　　　　　　　　　弹性　　　　　　　　　　韧性

图 2-1　刚性、弹性、韧性概念差别示意图

资料来源：杨秀平, 贾云婷, 翁钢民, 等. 城市旅游环境系统韧性的系统动力学研究——以兰州市为例 [J]. 旅游科学, 2020, 34（2）: 23-40.

　　从城乡规划学的视角看，韧性指城市在面对包括自然、人为（经济、社会和文化制度）等外界的瞬间或长期作用力（扰动）时，能够适应性应对且保持自身系统和功能不发生根本性变化而能够维持系统持续发展，并在一定程度上恢复到原来状态或新平衡状态的一种特质或能力。该能力包括减轻危害、抵御和吸收外来冲击，快速恢复到新平衡状态。

　　城市韧性所针对的问题，来源于外部"扰动"（disturbance）带来的危机[31]。这些"扰动"带来的危机包括极端气候灾害、城市恐怖袭击等紧急危机，也包括周期性经济危机、全球气温升高等长期缓慢的危机。一般来说，城市韧性应对的扰动，具有"不确定性高""随机性强""破坏性大"的特点[32]。

　　（2）适应性循环

　　韧性理论在生态学领域的研究和应用较为普遍。继霍林开创性地对韧性进行研究后，韧性有了一套相对完整的理论，并建立了适应性循环（adaptive cycle）、稳态转换（regime shift）等理论机制或模型。在某些方面，这些概念比较具体地解释和反映了动态性与连续性之间的相互作用[33]。总体而言，生态韧性体现动态研究系统发展的视角和方法，并可概念化为一个包含四阶段的"8"字形适应性循环模型[34]（见图2-2）。

　　适应性循环模型表达了外界干扰下生态系统的4个发展阶段。首先

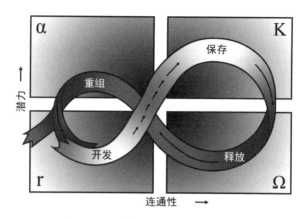

图 2-2　适应性循环"8"字模型

资料来源：许婵，赵智聪，文天祚．韧性——多学科视角下的概念解析与重构［J］．西部人居环境学刊，2017，32（5）：59-70.

是 r 阶段：对资源的开发利用使系统呈现加速增长态势。其次是 K 阶段：系统通过对资源和自身结构的组织整合进入稳定状态，此时系统的韧性最小。随后是 Ω 阶段：系统僵化后产生压力释放，实现创造性破坏而进入重新调整状态。最后是 α 阶段：系统开始重构更新或是发生崩溃解构。图中箭头表示系统在不同尺度循环间跳转的可能性[35]，其随着阶段变化表现出不同水平[36]。

（3）韧性四要素

社会生态系统被定义为"社会或人类子系统和生态子系统相互作用的系统"[37]。也有学者用另一种表述方式将其称为人类—环境耦合系统[38]。在这些概念里，韧性有四个要素：阈度、抗阻、晃险、扰沌[39]。

阈度：阈度是指系统可承受的最大冲击影响效果。一旦扰动冲击使得系统所处状态超过阈度，系统将很难恢复原始状态甚至崩溃。

抗阻：扰动冲击下系统状态变化的难易程度。

晃险：系统在某个时刻其状态与阈度之间的距离。

扰沌：系统韧性同时受到上下级尺度上其他系统动态过程的影响

程度[40]。

韧性理论将城市文化景观视作动态演进的复杂系统，为其保护和发展提供新思路。韧性理论中的适应性循环概念可以很好地解释城市文化景观演进阶段及相应特性，"阈度"和"扰沌"等概念有助于研究城市文化景观内部要素的相互作用与反馈。

2.2.2　系统动力学

（1）系统动力学概述

按照普遍的观点，韧性最早被用于系统生态学，用来定义生态系统稳定状态的特征，随后拓展到社会其他领域[30]。

系统动力学是一个发展成熟、被广泛应用到各个研究领域的理论。系统动力学认为，系统的行为特性取决于其内部结构，而各个结构要素之间又有着复杂的反馈关系。因此，不能针对某个具体的要素进行单独分析，只有用系统的观念将各要素视为一个整体，才能得出有价值的结论。[41]相比于传统"解剖式"研究方法，系统动力学以一个系统的、动态的研究视角，能在发掘事物本质的过程中更好地把握规律，为城市文化景观系统结构组织关系模型的构建提供理论支撑。从系统分析角度提出的问题和对策，也有着更强的科学性和实践指导价值。

（2）系统模型与系统结构

系统结构可通过建模的方式进行表达和分析。"系统结构"包含两层意思：一是系统组成部分的子结构及其相互间的关系；二是系统内部的反馈回路结构及其相互作用[41]。其中，"结构"体现了组成系统的要素及其关系，而"功能"则意指系统在变化时的特性。分析研究系统时，需要交互考察系统的结构和功能，并建立相应的模型。通过系统动力学的建模过程可以将城市文化景观系统结构更直观地表现出来。

（3）系统的回路与存量

反馈回路和系统存量是构成系统韧性模型的基本机制和关键要素。系统动力学模型的基本结构为一阶反馈回路[42]。"一阶"指的是一阶系统，即系统中仅包含一个存量，存量是系统状态的决定性要素。一阶反馈回路反映了一阶系统在一个反馈回路影响下的动态变化过程。一阶反馈回路分为一阶正反馈回路和一阶负反馈回路，系统往往由这两类反馈回路单独或共同组成[41]。因此，"存量"和"回路"是构建模型的两个极其重要的概念。前者反映了系统的内涵和状态，后者揭示了系统内部要素的动态关系和演变趋势，二者共同将系统结构和状态以一个系统的、动态的方式呈现出来。

系统动力学是韧性城市的理论基础，为演进性复杂系统的深入分析和解读提供技术方法。系统动力学认为系统的组织结构决定了系统的行为特性，可以通过构建系统模型表达系统的组织结构。在这一过程中，回路与存量是帮助理解系统模型及其演化特征的重要概念。

2.2.3 扰沌理论

（1）扰沌理论概述

扰沌理论是研究复杂系统在扰动下的恢复力与适应力的一种理论与方法。

2001年，首位将韧性概念拓展到生态学领域的学者霍林在其著作《扰沌：理解人类和自然系统中的转变》中阐述了社会—生态系统之间各要素的相互反馈关系，并在此基础上建立了适应性循环和多尺度嵌套的理论模型，体现了韧性由单一稳态、多平衡态到适应性循环的内涵拓展。

扰沌理论为复杂适应性系统的演化提供了跨尺度过程的联结模式，反映了适应性循环的嵌套性，为理解不断进化的、与多个元素相互关联的分层系统提供了一个重要的理论框架。与系统动力学相同，扰沌理论将社会—生态系统视作不断演进的动态系统，但前者侧重于系统结构、演进动力和机制的探究，后者则侧重不同时空尺度下系统内部的相互作用和联系。这种尺度分层能够使城市文化景观韧性研究精细化，帮助提出更具实操性的韧性提升策略。由于适应性循环在前文已有提及，此处主要阐述多尺度嵌套模型。

（2）多尺度嵌套模型

多尺度嵌套模型是基于扰沌理论提出的，扰沌理论认为，任何系统都无法通过单一尺度来理解或管理。社会—生态系统存在于空间、时间和社会组织的多个尺度上并发挥着作用，并且跨尺度的相互作用对于确定任何尺度的系统动态至关重要[43]。扰沌理论是对等级理论的批判性继承。一方面，扰沌理论继承了等级理论中复杂系统是由离散性等级层次组成的观点，不同等级层次都具有相应的结构、功能和过程；另一方面，扰沌理论又强调构成系统不同层次的是处于不同阶段的适应性循环，即系统不同层次的动态性和相互连接性。

（3）记忆和反抗

系统中不同尺度、不同等级的循环通过"记忆"或"反抗"相互作用。一般来说，中高层次的循环往往表现出大尺度、低频率、慢速度的特征；而低层次行为或过程则表现出小尺度、高频率、快速度的特征。"记忆"就是利用大尺度、缓慢的循环中积累和储存的潜力进行更新；"反抗"则是用来描述小尺度变化影响到更广泛的空间尺度或更长时间的作用[36]。扰沌理论和多尺度嵌套模型通过"记忆"和"反抗"揭示复杂系统内自上而下和自下而上的跨尺度联系。对城市文化景观系统而言，自上而下的记忆有助于修复与保护，自下而上的反抗则有利于创新的产生，同时不可忽略自下而上或各种扰动因素的协同作用导致的系统整体韧性下降。

扰沌理论是理解社会—生态韧性的理论工具，以适应性循环和多尺度嵌套的理论模型来解释社会—生态系统的演进，为城市文化景观的空间演变机制和韧性规划策略提供了切实可行的技术方法。扰沌理论认为，系统内不同时空尺度的相互联系对系统的韧性至关重要，这一联系可以通过记忆和反抗进行概括和总结。

2.3 韧性城市及规划相关研究

2.3.1 城市韧性评估

城市韧性评估是韧性城市建设的起始环节，也是韧性城市研究的重要内容和研究热点。城市韧性评估能够帮助识别城市潜在风险，确定地区韧性提升优先级，促进韧性城市理论和韧性城市实践相结合等。目前，韧性城市评估主要包括韧性评价方法研究、韧性评价体系研究两方面。

（1）城市韧性评价方法研究

城市韧性评价方法包括定量评价和定性评价。对于城市治理、公众参与等影响城市韧性的社会要素，常采用访谈、问卷调查、座谈会等形式的定性评价。定量评价方法中，又有综合指标法[44]、韧性代理法[45]、遥感模型评价法[46]、韧性网络评价法[47]等方法（见表2-2）。

表2-2　城市韧性评价方法

评价方法	方法解释	优缺点与适用范围
综合指标法	针对特定韧性目标或特定扰动，分析主要韧性影响要素，从而构建具有特异性的韧性评价指标体系，并计算城市韧性指数	在指标选取与权重确定中存在一定的主观性，但是相对容易操作，适用于面对不确定性问题或难以数理模型进行模拟的情况

评价方法	方法解释	优缺点与适用范围
韧性代理法	用具有代表性的敏感变量表征城市韧性的变化，当危机发生时，变量的变化易被观测到	更具有针对性，但是对于数据连续性和实时可观测性的要求较高，适用于特定事件与目标
遥感模型评价法	通过遥感技术，收集城市景观等方面数据，分析城市景观空间格局与演变，进而评估城市韧性	相对成熟，但受限于遥感技术，只能以景观方面的数据进行城市韧性分析，适用于城市生态韧性评价
韧性网络评价法	对城市或区域进行网络结构的抽象和简化，再借由网络结构特征进行相关韧性分析	重视系统内部要素相互联系，但是只涉及静态的组织结构评价，忽视动态过程，适用于区域韧性评价

城市韧性的概念内涵较为丰富，可以理解为一种视角或思维方式。应对特定的危机，或实现特定的韧性目标，需要就研究对象具体分析，采取合适的韧性评估方法。

（2）城市韧性评价体系研究

近年来，相关学者及组织都尝试着构建城市韧性评估框架，针对不同领域、不同类型的城市，目前已经形成了一些相对比较成熟，具有可推广性的城市韧性评估框架（见表2-3）。

表2-3　城市韧性评估框架

适用对象	提出者	韧性评价框架	评价维度
城市综合韧性	奥雅（ARUP）工程顾问公司、洛克菲勒基金会	城市韧性指数[48]	健康与福祉、经济与社会、经济设施与生态系统、领导与策略
农村地区	亚洲—太平洋全球变化研究网络	气候影响社区韧性速评工具[49]	生计和环境、基础设施、社区、气候变化和灾害管理
广泛适用性	世界银行	城市强度诊断工具[50]	3个必选模块和11个可选模块，必选模块包括城市发展、社区及社会保障、灾害风险管理

续表

适用对象	提出者	韧性评价框架	评价维度
建成环境和基础设施	罗姆等学者	脆弱性分析工具[51]	基于特定灾害与评估对象，采用既定标准指标目录进行指标选择
大城市建成区、中小城市	联合国人居署	城市韧性行动规划工具[52]	城市治理、城市规划与环境、弹性基础设施和基本服务、城市经济与社会、城市灾害风险管理

出于普适性的考虑，城市韧性评估框架往往只是给出评价的维度和评估程序，以及可供选择的韧性评估指标，没有固定的评价指标和评价标准。因此在应用过程中，需要就当地情况、法规政策、城市发展目标等进行深化和具体化。

由奥雅（ARUP）工程顾问公司和洛克菲勒基金会共同提出的城市综合韧性评价方法，在全球"100韧性城市"项目中得到广泛应用并产生了较大的影响。我国的部分韧性城市建设也参考了这一韧性评价框架。

另外，联合国人居署发布的城市韧性行动规划工具，在城市韧性评估框架的基础上，提供了后续的支持工具和政策，即地方政府自我评估、风险绘图练习和跨部门行动计划等，帮助韧性城市研究与韧性城市实践有效衔接。美国国际开发署[53]提出的沿海和小岛屿国家用水设施气候变化风险评估和管理工具也提到参与式系统测绘的技术方法。这一方法针对沿海以农业为重要产业的地区，以改进气候信息服务系统功能，提高家庭粮食安全、收入及应对气候冲击和压力的能力。

我国的城市韧性评价的研究起步相对较晚，但也已形成了部分具有中国特色的城市韧性评估体系。陈娜等[54]参考国外多个指标体系，针对我国国情和统计制度，基于层次分析法建立了一般性的弹性城市评价指标。毕云龙等[55]采用相对分析法，构建了包括城市治理、社会抗逆性、经济恢复力等9个子体系在内的韧性评价指标体系，对上海、香港、高雄、新加坡4个国内外城市进行相对性分析，使韧性评估结果在城市之间具有可比性。

除了具有较强普适性的城市韧性评价框架，学界还大量针对特定尺度、特定风险与扰动的城市韧性评价指标体系进行研究，其研究热点主要集中在韧性社区、区域韧性、防灾韧性、城市综合韧性等议题。

（3）小结

城市韧性评价有多种可选的技术方法，每种方法都有相应的适用性和优缺点，需要就研究问题进行具体分析与选择。以综合指标法为基础，现已有较多成熟的城市韧性评价框架在全球各个城市得到应用。总体上，城市韧性评价框架多从城市发展、城市治理、灾害风险管理、生态环境与民生保障等几个角度出发，综合性强，但是相对宽泛。

大量学者尝试针对不同尺度、不同灾害类型、不同研究对象进行具体的城市韧性评价指标构建。但是，城市韧性本身概念的模糊和多义，城市系统的复杂和不确定性，以及城市韧性评价结果的难以检验，导致城市韧性评估结果的科学性仍然受到质疑。城市韧性评估仍然处于从研究到应用的过程，如何对不同情景下的城市韧性形成较一致的认识，如何研究城市系统内部子系统的相互作用，如何对城市韧性进行长期有效的监测，以提升城市韧性评估结果的可信度，还有待更进一步的深入研究。

2.3.2　韧性城市规划与实践

作为韧性城市研究的最终目的和成果，韧性城市规划与建设实践在该领域的研究中占据着极为重要的地位。韧性城市规划实践与韧性城市评估关系十分密切。城市韧性评价的最终目的是帮助更有效地制定韧性城市规划与实践方案，同时韧性城市规划与实践能够为城市韧性评价结果的科学性提供检验。因此，在不断完善的城市韧性评估方法和体系的基础上，韧性城市规划与实践也经历着从概念性、纲领性向实操性、差异性的不断转变。

（1）韧性城市规划与方案

近年来，已有大量研究对城市韧性的基础性概念进行阐述与梳理，包括城市韧性演进、城市韧性特性、城市韧性影响因素等等。在此基础上，韧性城市规划也有了迅速的发展。目前，韧性城市规划正在经历从应对单种危机、调控某一城市子系统，向应对多种不确定性危机、调控整个城市系统转变的过程。

韧性城市规划最初试图解决雨水内涝和洪灾问题，主要以城市生态系统、城市基础设施等单一的子系统为调控对象。王敏等[56]通过探究人类社会系统和自然系统的作用与反馈，提出江南水网空间韧性的恢复、适应、变革能力提升策略，将雨洪韧性规划对象扩展到整个社会—生态系统。总体来说，雨洪韧性规划已经较为成熟，在脆弱点识别、雨洪韧性评估指标、雨洪韧性策略等方面都有大量研究，并在实际项目中有所应用[57,58]。但是，目前雨洪韧性规划还存在着城市雨洪韧性建设系统性不强，缺少雨洪韧性建设标准等问题。

2020年，疫情成为韧性城市的研究热点。目前已有较多学者就防疫韧性规划进行研究，相关策略主要涉及完善公共卫生体系、完善基础服务设施、构建空间防疫单元、合理组织城市结构、提升智慧治理能力等方面[59-63]。

相比于雨洪、疫情、地震等突发性灾害，城市片区的持续老化、城市高强度建设对于文化景观的不断侵蚀给予了城市发展缓慢但持久的压力。国内韧性城市相关研究对于城市更新改造、乡村规划也给予了相当的重视。梁静等[64]通过多样化空间利用、适度冗余、再造场所精神等手段，全面提高城市废旧工业厂区的经济、社会、生态韧性。乔廷尧[65]

基于韧性理论，通过与城市空间融合、提高可达性、多样化空间、在地化设计、公众参与等手段促进城市废旧码头再利用。谢蒙[66]通过冗余空间结构、多样化功能、异质形态再现重构乡村韧性空间。颜文涛[67]认为乡村复兴中，自下而上的草根化模式比自上而下的绅士化模式更具有韧性，在挖掘、学习、创新、延续当地生态知识的基础上，建构社会网络是乡村韧性提升的核心策略。

上述研究跳出了针对特定冲击提升对应城市子系统抵抗、适应与变化能力的逻辑，而是在当前的城市发展背景下，促进经济、社会、生态等全方位韧性的提升，以实现该片区的发展或重新繁荣。

（2）韧性城市建设实践

国外早有韧性城市建设实践。2008年，鹿特丹提出了"在2025年对气候变化影响具有充分的恢复力"的目标，为应对海平面上升和洪水灾害提出了浮动式防洪闸、浮动房屋等措施。纽约制定了降低气候变化影响的综合考察措施，并设立了与利益相关者互动以协调气候适应发展战略的长期办公部门。非洲不发达的国家和小岛屿受海平面上升、洪水和干旱威胁，重视农业、水、卫生和基础设施的完善[68]。以上仅是部分具有代表性的韧性城市建设实践案例，它们在应对风险类型、韧性策略方面有不同的侧重点，但均以气候适应性和风险管理为主要目标，在技术方法上重视社会调查与利益相关者协商制度。

国内的韧性城市建设主要可以分为两条路径：一条是参与国际韧性城市建设合作活动，如德阳、黄石、义乌、海盐等4个城市加入了洛克菲勒基金会启动的"全球100韧性城市"计划[14]，使用"韧性评价体系研究"一节中的城市韧性指数评价框架评价并指导韧性城市建设，取得了一定成果，但是由于国内外在社会形态、城市密度、基础设施等方面差异巨大，其实际效用有待商榷。另一条是基于我国国情和韧性理论研究，自主探索韧性城市建设方法，如上海、北京、深圳等。上海在2035

27

年总规中将"韧性生态之城"作为城市3个发展目标之一,主要关注城市生态和安全。北京也将韧性城市建设纳入了新一轮总体规划中,主要关注防震韧性的建设。深圳进行了长达30年的弹性城市建设方法探索,在城市总体空间结构、土地利用方法和规划管理方法上都体现出灵活适应的弹性[69]。除了整体的韧性城市建设,韧性理论也影响着城市专项规划的编制和实施。例如合肥参考了日本国土强韧性规划的相关理论和方法,组织编制了《合肥市市政设施韧性提升规划》[70]。

总体来看,韧性城市作为理念目标,对城市规划与建设产生了显著的影响,关注的领域主要集中在生态和市政设施方面。也有学者尝试探讨韧性城市与我国规划编制体系的关系。刘复友[71]提出,韧性城市研究框架应该融入规划的各个阶段中,形成"现状评价—管理体制机制优化—韧性提升策略—提高规划弹性"的技术路线。李彤玥[72]将韧性特性和作用力与城镇体系规划的核心内容进行关系建构,提出了区域尺度的城镇空间布局规划框架。

(3)小结

国内外韧性城市规划相关研究在子系统、自然灾害韧性两方面较丰富,但是还存在以下几个方面的问题:首先,大部分研究仅从单一灾害、单一维度对城市韧性的评价和策略提出,缺乏对城市作为复杂社会—生态系统的考虑;其次,部分相关研究基于韧性特性提出韧性城市规划策略,出现模板化套用的现象,且在韧性城市的机制研究部分相对欠缺,需要从系统动力学的角度出发探求城市韧性的扰动因素和作用路径。

韧性城市建设方面,目前国内主要关注城市生态和安全,以空间设施规划和应急管理体系建设为主要手段。一方面,可以学习借鉴国外在公众参与和协商制度上的成熟经验,深化韧性理念与现有规划体系的融合;另一方面,现有的韧性城市建设主要集中在沿海大城市和灾害集中的城市，需要进一步推动韧性城市建设。

2.4 城市文化景观韧性解读

2.4.1 文化景观

世界遗产委员会对文化景观下的定义为："自然与人类的共同作品。"从词组构造来看，文化是人类在参与社会活动时，物质价值和精神价值的综合性体现；景观则同时暗含着主观和客观特征。从词义上看，"景"意指空间中客观存在的实体物质形态；"观"，《说文解字》释义为"谛视也"[73]，则知"观"暗含人对"景"的主观认识。显而易见，加上"文化"的城市景观更强调人的主观改造行为，是重点反映人类文化的"人与自然共同作品"。

2.4.2 城市文化景观

城市文化景观是一种特殊的文化景观类型，具有三个特性：一是系统性，即某个具体的城市一定有一个或一类占据主导地位的"文化主基因"，并映射到城市的空间形态之中，在其特有的城市格局中体现；二是差异性，即不同城市由于自然禀赋和人类活动（文化）的不同，其文化景观具有一定的独特性；三是动态性，即城市文化景观并非一成不变，而是不断演化发展的，其内部结构要素也处于动态演化的状态。

（1）系统性

城市是人类生活的重要集聚地。人类在进行不自觉的活动时，既改造了空间，又积淀了文化。城市可以被视作为相对独立的有机体，因此产生于其中的文化并未很快随着时间而消逝，而是如同基因一般牢固地印刻在空间中，展示着城市空间组织的某种统一逻辑。从城市尺度看待文化景观，应着重强调其整体性和系统性。所谓整体性，指的是城市的整体文化逻辑，而非单个具体文化景观的文化逻辑；所谓系统性，更强调"整体大于部分之和"理念下对于整体的系统性研究，不可将系统割裂开来进行逐个分析和简单拼凑。系统性使得城市文化景观更适合用"系统理念"而非"解剖理念"进行研究。

（2）差异性

不同城市的文化景观之间存在着显著差别，正如城市作为相对独立的个体，有着独立群体主导的独立文化和地域范围限定的独立景观。城市居民群体、自然资源禀赋共同决定了城市特有的文化景观。差异性要求综合考虑不同城市的先天条件，有针对性地分析其结构并提出优化建议。

（3）动态性

动态性强调两个维度的动态。一是时空维度的动态。城市文化景观一直处于不断的演变进程之中，没有绝对静止、完全不变的城市文化景观，且城市文化景观的演化有着阶段性特征。二是系统维度的动态。城市文化景观系统不仅包括系统内部的各个子系统，更包括子系统之间的结构关系、作用变化情况和反馈模式。动态性要求针对城市文化景观系统的研究既要有时空动态视角，又要有系统动态思维。

2.4.3 城市文化景观韧性

韧性研究的目的是有计划、有步骤地消减风险隐患[74]。城市文化景观系统韧性分析强调根据城市文化景观系统的多施压主体对城市文化景观系统存量（即城市的核心结构或形态风貌）的施压机制及其影响因素，增强城市文化景观系统的适应性，促进城市对自身风貌特色的传承和可持续发展。具体表现在以下两点：

（1）动态平衡的韧性过程

从时空发展的角度来看，城市文化景观演化是一个系统的韧性反馈过程。根据不同时期的空间变化显著特征，可划分为"形成—发展—冲击—重组"四个阶段。直观表现出来的城市文化景观则表现为一个动态平衡过程，未超出"稳定景观边界"的波动属于正常范围；在不同演化阶段，系统有着不同的韧性反馈机制，为此借助生态学韧性理论构建了城市文化景观阶段性演化模型进行解释。

（2）多重反馈的组织结构

从系统要素组织关系的角度来看，构成城市文化景观系统的存量元素因各种流量和变量的状态影响而变化，各施压主体与变量要素发生关系，进而动态决定系统的存量状态；系统状态变化的难易程度，以及各结构要素作用路径的应激变化，客观表现为城市文化景观系统的韧性特质，为此借助系统动力学、四维城市理论等理论工具构建了城市文化景观系统结构组织关系模型。

第3章 城市文化景观的韧性演化机制

3.1 城市文化景观的韧性系统结构

3.1.1 存量与流量

（1）城市文化景观的存量

在运用系统动力学构建城市文化景观系统的韧性结构模型之前，需要对影响城市文化景观系统演进的重要概念进行分析。其中，"存量"是系统演化中一个非常重要的概念[41]。根据 Mass（1980）的研究，"存量"是反映系统规模并对系统演进具有重要影响的"系统属性"。系统存量的重要性主要体现在以下四个方面：表征系统的状态并提供行动的基础；使系统的动态演进具有惯性和记忆性；是系统反应延迟的来源；使系统产生不均衡的动态[42]。

系统存量可分为"核心存量"和"一般存量"两种类型。其中，"核心存量"是构成系统存量的关键内容，并对系统演进发挥着关键性的影响作用。对系统核心存量的研究需要与研究目标、关键问题相结合。对于城市文化景观系统的研究，主要目标则是实现城市文化景观系统的可持续性发展。具体而言，就是要实现对城市历史格局的保护、继承和发展。因此，城市景观形态的关键结构及其规模是城市文化景观系统的核心存量。四维城市理论及其他城市形态研究，均是通过研究城市形态格局的核心结构要素，以提出城市形态发展和保护的对策措施。例如，何依 [75] 在《四维城市理论及应用研究》中提出城市格局的"历史中心、历史轴线、历史边界"三大结构要素；凯文·林奇 [76] 提出"路径、边界、区域、节点、标志"的城市意象五要素。

在城市文化景观中，存在着某些主导城市形态风貌、展现城市文化特色的空间要素及空间关系，可称之为城市文化景观的核心结构。城市核心结构中的要素规模越大、空间联系越强，城市文化景观的特色就越显著，抵御外部扰动的能力也越强。从动态的作用机制看，城市核心结构的演化受"城市核心结构的强化速率"的流入量和"非核心结构的强化速率"的流出量的共同影响。

城市文化景观外在的形态表现，由城市内部各空间结构要素的规模和结构决定。反映历史格局的结构和反映单一主体大小的规模，二者是相对独立、逻辑并列、不直接发生关系并且分别只受单一流量影响的元素，因而可以被视作为城市文化景观系统所具有的两大存量。

（2）城市文化景观系统基本单元

基于对城市文化景观系统"二阶系统"的研究，可以得出系统模型两个存量的"存量流量关系"这一基本单元（见图3-1）。

图 3-1　城市文化景观系统的存量流量关系示意

其中，内部有文字的矩形代表系统存量（象征一个容器）；左边的箭头意指流入量；右边的箭头意指流出量；两个相互颠倒的正三角形组成的形状则表示流量可能受其他因素影响变化；箭头左边的矩形和右边的不规则图案则代表流量的"源"和"漏"[42]。源和漏容量无限，不会限制流量的变化。

3.1.2 系统回路与反馈

（1）影响存量的要素

在"存量—流量关系"这一基本单元的基础上，结合对城市文化景观系统演化扰动类型的分析，按照系统结构最简化原则，可提出以下几个对系统产生影响的关键变量要素：①城市既有的文化内涵或价值意识；②影响城市核心结构景观的建设行为；③城市核心结构的规模或比重；④城市经济发展需求，如GDP增量需求；⑤城市建设增量扩张成本；⑥城市文化景观保护意识。

依据系统运行原理和建立存量流量图的一般规则，梳理城市文化景观系统总体与局部的反馈机制、各回路内部及回路间的反馈耦合关系，可得到城市文化景观系统存量流量的作用机制（见图3-2）。

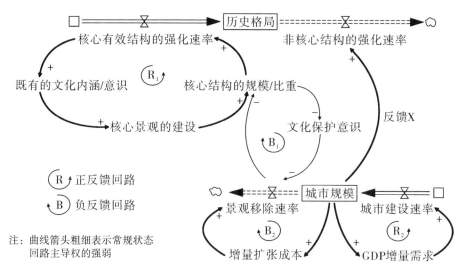

图3-2 城市文化景观系统存量流量的作用机制

其中，"历史格局"是需要重点关注的存量，"历史格局"从最根本上"表征了系统的状态并为下一步行动提供基础"。而存量的发展状态和走向由系统中的回路决定。回路之间可能有着相互促进或制衡的关系，主导回路可以直观反映存量的流失和积累状态。因此，系统状态变化的方向，在根本上取决于回路的主导权位置。

（2）影响存量的回路

①影响"历史格局"存量的反馈回路

分析"历史格局"这一存量，对其流入量状态产生直接作用的回路在图中表示为正反馈回路 R_1。从这一子系统的内部考虑，城市的文化内涵是回路中的一个重要变量，城市文化和城市建设相互促进，随着时间的发展处于不断的正向积累状态。

②影响"城市规模"存量的反馈回路

对于"城市规模"这一存量，在不考虑其他突发或细微因素影响、系统处于常规稳定状态的情况下，对其流入量"城市建设速率"产生直接作用的核心要素，在于城市自身的客观发展需求，直观表现为城市的经济社会发展增量需求。城市建设速率越快、城市规模越大，则其维持原有经济增长速率所需要的经济增量越大。在回路中表现为正反馈回路 R_2 直接决定并影响该存量的流入量。同时，流出量"景观移除速率"与城市的增量扩张成本有直接关系。这一负反馈回路 B_2 抑制 R_1 对存量的促进作用，使存量维持动态稳定。

（3）两个存量之间的关系

"城市规模"这一存量的增长，往往主要对城市"非核心结构的强化速率"产生直接影响。虽然理论上城市规模增长包括各种结构规模的增长，但从实际的城市发展建设与空间规模扩张的经验来看，现代化的城市发展建设一般对于历史文化属性极强、集中反映城市文化特色的城市"核心有效结构"扰动力相对较弱，表现为城市历史街区、历史建筑等的保护；相对而言，最常见的城市扩张往往集中在以生产功能等客观需求为主的结构与空间领域。故而，按照最简化原则，在流量图中两个存量的关系主要通过"反馈X"呈现。

城市文化景观结构要素越倾向于"核心"（即文化属性越强，文化价值越高），则聚居群体对这一结构的保护意识越强；同样，对于这类结构的拆除速率越大，聚居群体的文化危机意识越强，同样会促进文化保护意识的增强。文化保护意识的产生使得城市改造对于这一类景观的移除阻力增大，在回路中表现为负反馈回路B_1制衡并约束系统的不稳定发展。这是两个存量之间存在的另一个最重要联系。

为了更直观地反映出城市文化景观系统内部结构要素之间的系统反馈关系，可将存量流量用因果回路图的形式表达出来（见图3-3）。

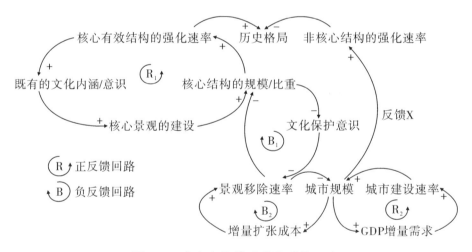

图3-3　城市文化景观系统因果回路

城市文化景观系统作为一个二阶系统，包含了两个独立的状态变量，即使尽量简化，它也会显得比一阶系统复杂得多。我们对其结构要素分析得出的存量流量图，能够直观反映封闭状态下一个成熟的城市文化景观系统内部的动态演化机制。虽然绝对封闭的系统是不存在的，但是在常态视角下，系统结构不会因常规的外界扰动而发生变化，因而可以忽略外界作用，将其视作一个封闭系统进行分析处理。系统中，回路主导权的变化决定着城市文化景观系统演化方向的变化。后文将结合对外界扰动性质的分析，引用实际案例，分别探讨在不同性质类型的外界扰动作用下城市文化景观韧性作用机制及其演化情景。

3.2 城市文化景观的韧性演化阶段

"生态学韧性"可以用来理解系统行为的"适应性循环模型"，同样可以解读城市文化景观系统韧性演化的阶段行为特征。基于此构建了城市文化景观阶段性演化模型（见图3-4）。

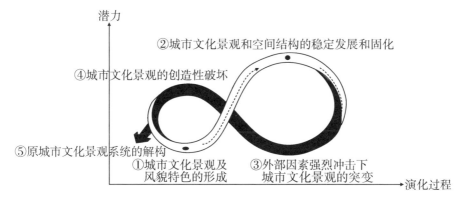

图3-4 城市文化景观阶段性演化模型

根据演化阶段的特征，可将城市文化景观系统演化过程划分为五个阶段：①城市文化景观及风貌特色的形成阶段；②某一特定文化基因主导下，城市文化景观和空间结构的稳定发展和固化阶段；③外部因素强烈冲击下，城市文化景观的突变阶段；④城市文化景观的创造性破坏阶段；⑤原城市文化景观系统的解构和新型城市文化景观系统的形成阶段。

其中，第一阶段至第四阶段可以视为城市文化景观韧性演化的一个完整过程，分别对应"适应性循环模型"的"开发、保存、释放、重组"阶段。一个良好保持自身文化特色的城市文化景观是在多次从第一阶段到第四阶段循回往复中逐步演化而成的。第五阶段则代表城市无法承受外部扰动或压力导致原有文化特色被破坏、城市文化景观系统崩溃、解构的过程。理想的城市文化景观韧性演化是第一至第四阶段循环的有效衔接，并防止系统发展进入第五阶段。

与适应性循环模型一致的是，城市文化景观在不同演化阶段也有显著的不同特征，如结构整体的强弱、系统的薄弱点等。这有助于理解城市文化景观韧性演化阶段行为特征并针对性地提出规划响应策略[77]。

因此，要探讨如何实现城市文化景观的韧性演化和可持续发展，首先要明确城市文化景观是如何形成的。从系统的阶段性演化模型可以看出，城市文化景观系统之所以能成为一个独立循环的系统，依靠的是以城市化为代表的发展推动力。这一推动力作用到原始景观之上，打破了原始景观的循环过程，形成了具有全新景观特征和全新文化内涵的城市文化景观，并在一定范围内（即阈度）发展变化。因而，对新生系统进入第一个适应性循环过程产生直接推动作用的扰动，决定了城市文化景观的"文化基因"内涵。

3.3 外来扰动的类型

根据对城市文化景观系统的韧性演化机制分析，城市文化景观包含"文化"和"景观"两大内涵。其中，文化强调的是人群行为活动在城市空间中留下的痕迹，其主体为"人"；景观强调的是城市空间的功能结构以及地理形态，其主体为"外在形态"。城市文化景观存量的变化，由人和地的规模与结构主导并直观反映。人的规模，主要受城市人口流入流出影响；人的结构，指人的文化观念结构，主要由生活在城市中人群的主导价值理念如行为爱好、审美倾向、信仰追求等决定；外在形态的规模，主要由城市生产力水平、发展程度影响；外在形态的结构，如山水布局、功能区布局、产业结构及其空间布局等，主要由城市生产方式和生产力水平决定，突发的自然灾害也有可能直接改变城市地理结构。

　　将所有冲击因素考虑在内、细化到每个具体的事件，显然是不切实际的。因此必须结合历史经验，以"类别"和"方向"为统领，顺着线索梳理出扰动形成机制及作用对象，并将其提炼出来。同时需要将理论上可能发生，但实际发生概率很低，或发生后无法干预、或不会造成实际影响、或造成的影响具有完全不确定性的冲击因素排除在外（见图3-5）。

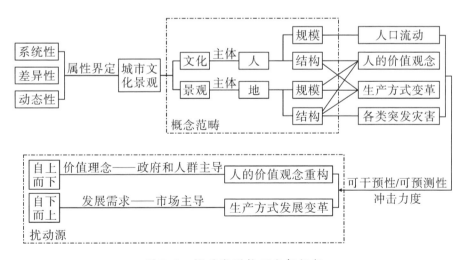

图3-5　扰动类型推理分析框架

经过这一系列步骤，可得出两大核心扰动源：价值理念和生产方式（见图3-6）。前者的扰动方式是自上而下的组织支配，带有较强的主观能动性；后者的扰动方式是自下而上的市场驱动，具有历史发展的客观性和不可逆性。

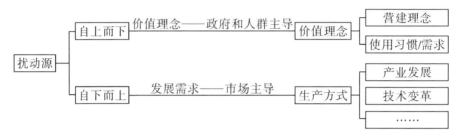

图3-6　扰动类型分类

3.3.1 核心扰动一：群体价值观念重构

由营建理念、信仰追求、使用习惯、审美倾向、特殊符号爱好等文化要素变化导致的城市风貌特征改变，都可归结于群体价值观念冲击的结果。这类扰动的基础逻辑是由上及下的，充分体现了人的主观能动性和文化创造力，即人们"想要"什么样的城市。

例如，新中国成立初期，中苏关系紧密，苏联领导人关于民族形式的建筑理论传到中国，促使中国产生了"民族形式，社会主义内容"的城市建筑理论[78]。这些理论指导了城市建筑风格风貌的建设，例如国庆十周年北京十大建筑，以及许多省会城市的苏式展览馆。这是一种典型的来自价值层面的扰动冲击。

3.3.2 核心扰动二：生产方式发展变革

由技术进步、资源开发或经济产业发展等条件变化导致的城市风貌特征改变，都可归结于空间生产方式发展变革对城市文化景观带来的冲击和扰动。这类扰动的基础逻辑是由下及上的，在客观的发展需求和时代背景条件下，直观表现为城市相对"不自觉"的形态或格局变化。

例如，市场经济主导下的城市化进程。西方学者大卫·哈维[79]认为，西方国家市场力量主导的城市化是资本逻辑的空间展开与实现形式，是资本积累的物质景观。而在当时的中国，市场经济蓬勃发展，房地产成了城市空间生产的重要推手。[78]又如清末福州对外贸易大幅增长，"市"的规模急剧扩张造成福州"城""市"分离的特殊景观。后文将针对这些案例进行具体介绍。总而言之，产业内涵或城市发展方式转变造成空间生产模式变化进而影响城市空间结构，使得城市文化景观剧烈变化，都可归结为第二类核心扰动作用。

3.4 文化基因的识别

历史文脉得到延续的城市，其文化景观的演化必然在顺着某条看不见的主线进行，有学者将之概括为"城市空间文化基因"。[80]城市文化景观可以被视作是城市的文化基因表达出来的城市文化性状，只有准确识别和梳理出城市文化景观的基因内涵，才能更好地判断城市文化景观是否"从本质上保持原有的结构"。而识别城市文化景观的基因内涵，需要结合其历史起源来分析。

对城市文化景观阶段性演化模型的分析显示（见图3-4），城市文化景观演化的基本过程是原有文化景观系统在外部作用力的冲击下，系统解构、重组后形成的新文化景观系统。原有系统的内力无法抵抗新的外力，因而被取代（见图3-7）。新的外力也进而内化成了城市文化景观系统的"原生内力"，并在以后的演化历程中不断面临、承受、抵抗、吸收着更多更新的作用力。因此，把握住影响城市文化景观系统形成的

"初始扰动源",也就把握住了城市空间的"文化基因"。

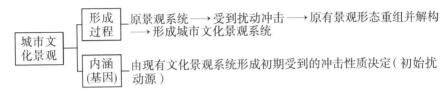

图3-7 城市文化景观形成过程及决定因素

进一步，根据初始扰动源的类型及作用效果的不同，可将典型城市文化景观概括为三类：一是在本土文化或生产的影响下，带有某些相同属性深刻烙印的城市，典型的城市如北京、西安等历史文化名城，这类城市正面临着全球化背景下适应新时代要求、实现传统文化创造性转化和创新性发展的挑战；二是由非本土文化构成城市文化基因的城市，典型的城市如大连、青岛等近代城市，这类城市正面临着人与文化的融合和城市文化景观进一步本土化、现代化发展问题；三是文化景观的初始扰动作用尚未完成、城市文化基因内涵较为单薄的城市，典型的城市如深圳等现代新兴城市，这类城市文化景观的演化尚处于形成阶段，现阶段或未来如何培育其自身文化内涵、反映时代特色，是需要着重研究的重要问题（见图3-8）。

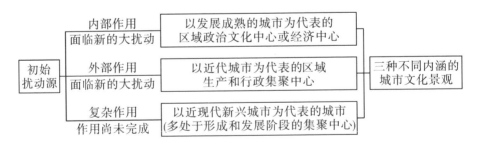

图3-8 初始扰动影响下的城市文化景观内涵分类

3.4.1 传承与更新：高度成熟的本土特色城市文化景观

此类城市属于最常见的在本土逐渐发展起来的城市。这类城市的文化属性显著，主要的文化创造和空间改造受既有文化的影响显著。经过长时间的文化积累，在相对固定的内生文化驱动下，城市较好地保持着历史格局并不断向特定方向演化着。其文化景观通常处于韧性循环的第二阶段，即"城市文化景观和空间结构的稳定发展和固化阶段"。根据适应性循环的阶段特性，处于这一演化阶段的系统韧性最小，即系统在固定的内部驱动力下会向着成熟但僵化的方向靠近，并且越来越容易在细微的扰动冲击下失去平衡，随之进入第三阶段发生"创造性破坏"和重组。这类城市文化景观有着最常见的韧性结构，其进一步发展面临的主要问题可能在于如何有效应对不利的扰动冲击，走向"更新"而非"僵化"。

3.4.2 植入与融合：多元文化主导的城市文化景观

通常情况下，城市文化景观的文化创造积累主体是本地人，因而可以默认城市中的人和文化是紧密联系、不可分割的。而事实上仍然存在许多城市，属于文化与人相对独立的区域集聚中心，最典型的如一些殖民城市。殖民者的殖民行为对本土原有的城市风貌造成了完全性的冲击破坏，用与众不同的文化为区域塑造了全新的城市文化景观。当城市被收回，按照正常趋势，本土文化势必夺回文化话语权，重演"破坏—重塑"的循环过程。但是随着城市文化保护意识的加强，与本土文化格格不入的殖民城市文化景观也被普遍认为是有价值的、值得保护的对象。这类城市文化景观有着相对特殊的韧性结构，其进一步发展面临的主要问题在于：异质文化的活化、人与文化的协调融合。

3.4.3 发展与成形：尚在形成的当代特色城市文化景观

有一部分城市的历史文化底蕴相对薄弱，使人几乎完全无法在城市文化景观中找到城市的历史格局，典型城市如深圳等新兴城市。它们往往处于韧性循环的第一阶段——"城市文化景观及风貌特色的形成阶段"。城市的建设行为没有历史文化的约束，因而基本可以代表当代城市的发展。当代的文化价值观、生产力水平毫无保留地映射在这片土地上。处于这一阶段的城市文化景观，其韧性结构相对简单，韧性抵抗力最弱。如何更好地构建韧性结构，成为一个充满文化内涵、具备自身特色的城市，是它们在风貌塑造阶段面临的重要问题。

3.5 基本演化情景模式

至此，构建好城市文化景观系统结构组织模型、明确城市文化景观内涵和外部扰动类型，可进一步考虑在不同方向、不同大小的扰动作用之下城市文化景观的韧性演化机制和作用情景。

上一章提到，城市文化景观演化趋势本质上由系统模型中的主导回路决定。在系统动力学中，系统的动态行为有三种基本模式：

（1）正反馈结构下的指数增长模式；

（2）负反馈结构下的寻的行为模式；

（3）带有时滞的负反馈结构下的震荡行为模式。

从"回路主导权"的角度看城市文化景观系统，可以把许多情景在方向和结果上归并为一类，因而只需要把握住系统结构变化的本质，就能做到在情景最简化的同时保证足够的覆盖面。我们通过列举四类情景，提出城市文化景观韧性演化的四种基本模式。

3.5.1 稳定积累型演化模式

（1）城市格局的发展与成熟

从春秋战国到元末明初，北京城市文化景观稳定发展并在各个时期有着不同的特点，形成了自身的"文化基因"（见表3-1）。

表3-1　春秋战国至元代时期北京城历史特点

时期	特点
先秦时期	《水经注》载"昔周武王封尧后于蓟，今城内西北隅有蓟丘，因丘以名邑也"。考古推论正阳门处为古永定河渡口。渡口南北走向的道路为北京中轴线前身。
隋朝时期	隋朝离宫建在"金台(今景山)之南，整体呈'凸'形，为元明清紫禁城所继承"。
辽代	《辽史》记载"城方三十六里，崇三丈……，大内在西南隅。皇城内有景宗、圣宗御容殿二……"大概描述了其规模。
金代	宫城由外城、内城、皇城、宫城"四重城"规划所组成，道路从城门引伸直交，呈井字形。
元代	采取方形平面、方格网道路和中轴对称、"面朝后市，左祖右社"格局。其轴线为明清北京中轴线所沿用。

资料来源：田长丰,牛雄,杨秋生.北京城的变与不变:都城营建的文化基因实证研究［J］.城市发展研究,2020,27（4）:15-20.

（2）同质文化强烈集聚下的扰动

目前普遍认可的观点是，明朝迁都北京的行为对如今的北京城市格局起着决定性作用。"明代北京城的中轴线基本沿袭了元大都的中轴线，并在元代的基础上有很大的创新与发展。"[81]

迁都行为是推动北京"帝都"形式城市格局形成的最主要驱动因素。其本质是代表国家意志的文化强烈集聚到地方文化之上，产生冲击并影响城市形态的结果。北京的城市文化和国家文化在某种程度上有着相同的文化基因，只不过前者代表北京，而后者代表力量更强大的国家，所以这一扰动可被认为是同质文化的强烈集聚。从模型上来看，即"价值观念"类扰动强烈作用于系统中的"既有文化内涵"要素，影响系统状态（见图3-9）。

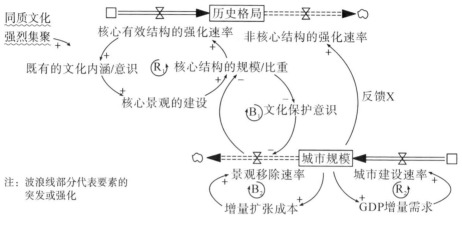

注：波浪线部分代表要素的突发或强化

图3-9　扰动作用示意

（3）城市文化景观的突破和重组

明朝迁都北京后，进行了一系列重要的城市建设行为。

"一是紫禁城向南扩展，强化了皇帝南面而王的地位。嘉靖年间修建外城，将中轴线向南延伸至永定门，使进入皇城的距离拉得更长，纵深感更强。

二是在紫禁城后堆了一座土山，使城市形成背山面水之势，有了靠山。这座山镇压了前朝的"王气"，增加了中轴线的制高点。

三是将元朝安排在城东西两侧的太庙、社稷坛安排在皇城内、紫禁城前面两侧，强化了"左右对称、中轴明显"的皇城格局。

四是转移钟鼓楼位置，使中轴线在此恰好结束。

五是将天坛、山川坛安排在进永定门后中轴线两侧，使中轴线一开始就有整齐对称、中心明显的特点。"[81]

这一系列行为或作用的直观结果，就是使得北京在原有中轴线和城市形态的基础上形成了更强烈的"方形的平面、方格网道路和中轴对称、'面朝后市，左祖右社'"[81]等有都城特色的格局，并延续到了现在。从模型上来看，就是系统各要素在扰动下状态发生变化，进而影响回路强弱，使得系统存量发生变化（见图3-10、图3-11）。

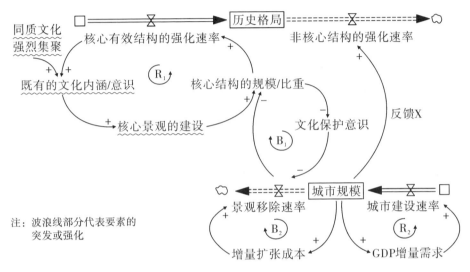

图 3-10　系统结构要素状态变化示意

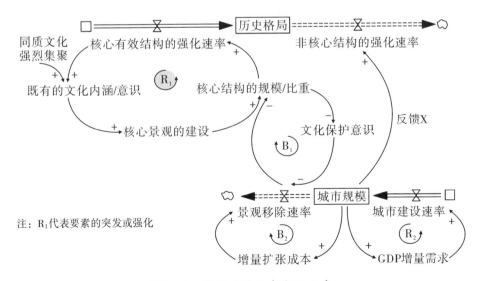

图 3-11　系统回路状态变化示意

47

（4）系统结构的应激变化

反映国家意志与反映区域意志的文化价值观念差异，是决定冲击力度大小的根本因素。在城市适应冲击后，这一差距会很快被缩小。因此，在较短的时间内，新注入的文化被"内化"，使城市逐渐演化出了新生的韧性结构，即图3-12中的B₃回路。"反映国家意志的文化"在系统中起到重要作用。所以北京更多体现的是国家文化价值标准下的城市文化景观。只要其首都地位不变，这一结构就能长久保持稳定。

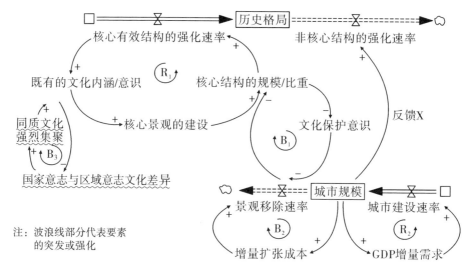

图3-12　B₃系统结构应激变化示意

（5）稳定积累型演化模式

在"迁都"行为的作用下，北京城市文化景观有了一个迅速的更新重组过程。而B₃回路的形成，抑制了城市文化内涵的无限增长，使得城市文化景观系统复归于稳定。这类情景，即近似于系统动态行为模式中的"震荡"基本模式（见图3-13）。如果放到坐标图上理解，则城市文化景观的演化方向，近似于一个斜率为正的线形图（见图3-14）。

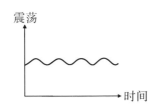

图 3-13 动态行为的"震荡"
基本模式

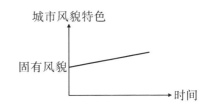

图 3-14 历史格局和风貌特色的
变化趋势

同样，R_1 回路起主导作用的系统演化方向，都可认为近似于图 3-15 所表达的内容。这类城市文化景观演化模式，其最终结果是城市风貌特色的稳定积累，因此可归结为"稳定积累型演化模式"。

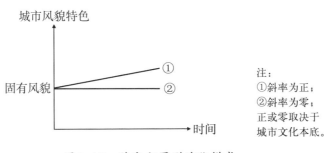

图 3-15 稳定积累型演化模式

3.5.2 覆盖型弱化模式

以苏联影响下我国的城市建设情况为例。

（1）异质文化造成扰动

新中国成立初期，中苏关系紧密，苏联领导人斯大林"民族形式"的建筑理论对中国建筑界影响深远，中国开始倡导"民族形式，社会主义内容"理论[78]。

20世纪50年代产生的"民族形式"理论，影响并促使我国出现一批"大屋顶"特色建筑，如长春地质宫和北京体育馆等。它们在立面形态、入口构造、墙面细节等方面具有许多传统特色上的共同点（见图3-16、图3-17）。

图3-16　长春地质宫（1954）　　图3-17　北京体育馆（1953—1955）

资料来源：胡莉婷. 20世纪50年代苏联影响下的郑州城市建设探研［D］.郑州：中原工学院,2019.

　　1955年，中国开始展开针对复古主义的检讨[78]。例如，新中国成立后的北京天安门拆除规划，当时的北京，除了在西郊有一些日本人开辟的直路，总体上城市形态与晚清相比变化不大，是一座保持完好的、未受工业化冲击的古城。梁思成等就提出了北京历史文化景观保护的规划发展理念与方案，但是以阿布拉莫夫为组长的苏联市政专家们提出反对意见：北京作为首都，不仅应为文化与艺术的中心，也应该是一个大工业城市。不难看出，两种价值理念的分歧是北京城市走向不同结局的根本矛盾所在（见图3-18）。同样的还有针对"大屋顶"的排斥言论。"离开经济讲建筑美是唯心主义，经济基础决定上层建筑是普遍真理，艺术是从属的"[78]，这在一定程度上反映了当时北京城市文化景观发展与建设的实际情况。

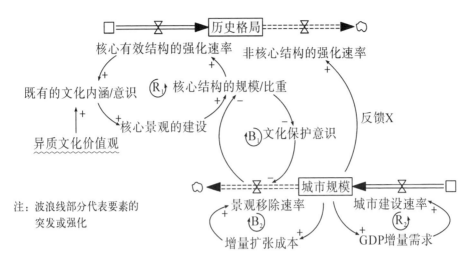

图 3-18 扰动作用示意

（2）核心结构的改造与破坏

1963年的北京城区规划图显示，天安门、故宫计划被拆除，改建为大型公共建筑。城市没有保留极具区域特色的四合院或胡同系统，取而代之的是多层和高层建筑；从天安门到故宫，几乎全部面临拆除重建。1955年，赫鲁晓夫思想影响下的国内建筑界展开针对复古主义及其代表"大屋顶"建筑样式的讨伐后，以"大屋顶"为典型代表的传统建筑构造形式开始在国内大量消失。二者有着同样的扰动冲击背景。

此种思想指导城市建设的直接后果，就是北京大量重要的建筑被拆除改造，城市的历史韵味在一定程度上有所损失，但整体格局没有被破坏。从系统模型上看，就是异质价值观念冲击下城市核心景观被破坏（见图3-19）。

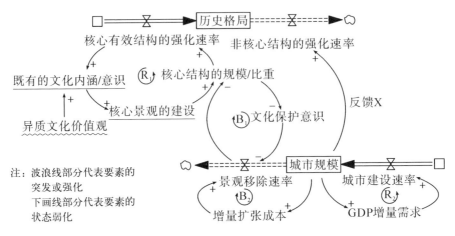

注：波浪线部分代表要素的
突发或强化
下画线部分代表要素的
状态弱化

图 3-19   系统结构要素状态变化示意

（3）系统的韧性应对

北京城市传统风貌格局之所以能保留下来，虽然有多方面原因，但很大程度上还是得益于当时具有较强文化保护意识的人。而城市建筑的文化价值越高，或者遭受的破坏程度越重，就越容易唤醒人们的文化保护意识。"文化保护意识"这一要素起着维持系统稳定的重要作用。反映在模型中（见图 3-20）就是 B_1 回路的强化，它在一定程度上抵消了 R_1 被削弱的程度。从模型中看，R_1 回路不断弱化，B_1 回路不断强化，当二者力量相当，系统就会复归于稳定，达到新的平衡状态。

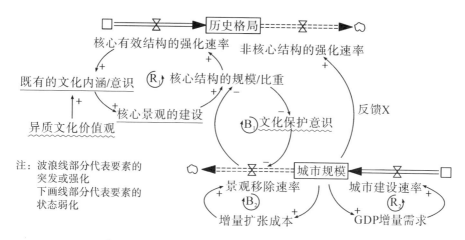

图3-20 R_1、B_1系统回路状态应激变化示意

（4）覆盖型弱化模式

在异质文化价值观冲击下，城市文化景观或多或少都会有一些损失。有的结构韧性较弱，"文化基因"被完全毁掉，取而代之的是全新的景观，如建筑"大屋顶"的消失；也有的韧性结构较强，整体上较好地保留了文化基因，如北京城市依然延续着原有的整体格局，但是部分重要内容如古城墙等被永久性移除。

这类情景，即近似于系统动态行为模式中的"寻的"基本模式（见图3-21）。如果放到坐标图上理解，则城市文化景观的演化方向近似于一个下行的曲线图。

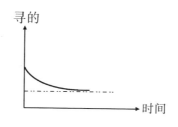

图3-21 动态行为的"寻的"基本模式

同样，R_1回路弱化、B_1回路起主导作用的系统演化方向，都可认为近似于图3-22所表达的内容。这类城市文化景观演化模式，其最终结果是城市风貌特色一定程度的损失或被替代，因此可归结为"覆盖型弱化模式"。

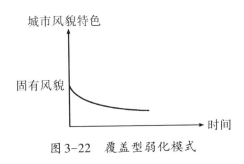

图 3-22　覆盖型弱化模式

3.5.3　遗忘型弱化模式

此类发展模式是快速城市化进程中最为常见的一种。城市"摊大饼"式的增长和建设是这一发展模式最为典型的特征和问题。

（1）市场行为主导下的城市建设

1994年，中国城市空间秩序演变逻辑迈向市场经济时代，市场力量从此深刻影响着中国的城市空间秩序与布局[78]。

大卫·哈维（David Harvey）[79]指出，在西方国家，城市化进程由市场主导，本质上体现了城市在资本积累影响下的发展路径。因此，城市是资本积累的物质景观。在以市场为主导的城市化进程中，各级生产效率最高的城市内部空间成为政府和资本的主要目标。二者的共同作用使得城市空间格局发展严重失衡，导致城市景观的破碎和马赛克化。反观中国，市场经济主导下，房地产成为其城市空间生产的最大动力，也是造就如今城市文化景观格局的主要力量。

此外，城市发展对GDP的追求使地方政府大力投入支持房地产发展，市场对廉价的城乡边缘空间进行"争抢"，城市快速突破原有边界[78]。

（2）从模型中认识扰动作用

换个角度可认为，在近半个世纪来以经济建设为中心的时代背景下，对社会经济发展的追求、市场经济的蓬勃发展以及技术进步带来的生产水平大幅提高，显著加快了城市发展建设的速率（见图3-23）。

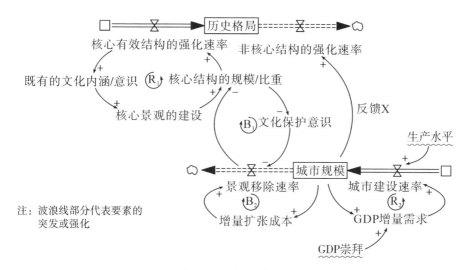

图3-23　扰动作用示意

（3）系统结构中回路主导权的转移

以重庆为例，20世纪末重庆规划策略为"城市向北"和"组团粘连"，经过十数年的建设，其"两江环绕、多中心卫星组团"城市格局被突破，江北区、渝北区等成为以居住功能为主的功能片区，城市系统面貌发生极大改变[78]。

反映到模型上，这一扰动的结果就是R_2回路受到大幅度强化，并迅速成为系统的主导回路，进一步强化对城市历史格局流出量的反馈作用（见图3-24）。在R_2回路的主导下，城市"历史格局"这一存量的流入量不变，流出量增加，其结果就是城市内反映城市历史格局的核心空间结构的边缘化或空心化。

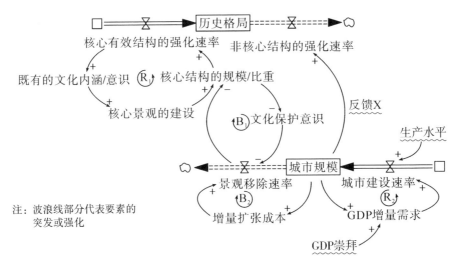

图3-24 R₂系统回路状态应激变化示意

（4）遗忘型弱化模式

在生产力发展、生产方式变革等客观扰动冲击下，城市文化景观的文化属性被迫让位于经济效益，因而出现大批反映时代生产力的生产性空间，动摇了原有核心景观的空间控制地位。城市的历史格局被淹没在大量的新建筑群中，表现为"不进则退"式的空间文化弱化现象。

这类情景，也近似于系统动态行为模式中的"寻的"基本模式（见图3-21）。只不过有着不同于第二类情景的"破坏式"寻的原理，是"不进则退"式的寻的。

同样，R₂回路起主导作用的系统演化方向，都可认为近似于图3-25所表达的内容。这类城市文化景观演化模式的最终结果是城市的传统风貌片区变成"孤岛"或者逐渐被淹没在大规模、成片化的"大饼"之中，因此可归结为"遗忘型弱化模式"。

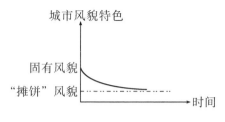

图3-25　遗忘型弱化模式

3.5.4　创新发展型模式

以五代两宋时期泉州城市风貌格局变化为例。

（1）异质文化的注入与吸收

在唐朝及以前，"泉州城市空间形态为四方形，四周各有一门，衙府设在城市北面，市设立在城市南面右侧，州衙为城市中主要的空间布局，实行里坊制度，街坊整齐而对称"[82]。

五代时期，佛教在泉州开始大规模传播，从唐末五代"闽王"王审知的"誓愿归佛"，到其后执政泉州的留从效、陈洪进等人大力尊佛，泉州的佛教发展呈现出极为兴旺的态势。泉州古城的空间组织结构开始大幅度改变，在唐城方形格局的基础上有了较大突破，城市开始向四周拓展，所以泉州一度被称为"葫芦城"。同时。城市中出现了大量寺庙，出现了"拓城包寺"现象，城市开始出现"众星捧月"式的新格局（见图3-26）。

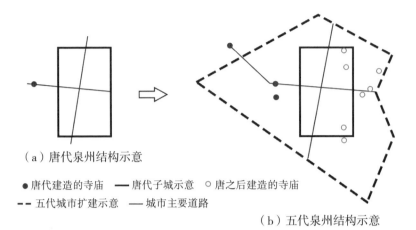

（a）唐代泉州结构示意

● 唐代建造的寺庙　　— 唐代子城示意　　○ 唐之后建造的寺庙

- - 五代城市扩建示意　　— 城市主要道路

（b）五代泉州结构示意

图 3-26　唐至五代泉州城市结构变化示意

对于泉州而言，佛教的传入是一个巨大的冲击，但这种冲击不是击溃式的覆盖，而是融入和同化。泉州城市在原基础上形成了显著的风貌特色，比如以寺庙为中心的空间拓展、众星捧月式格局的发展形成等。从模型上来看，这其实反映了异质文化价值观冲击系统反而被吸收的结果（见图 3-27）。

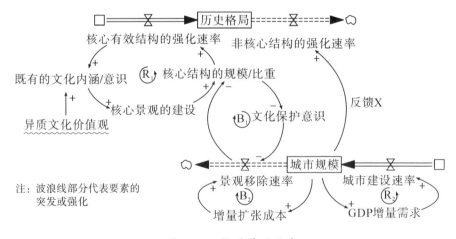

注：波浪线部分代表要素的突发或强化

图 3-27　扰动作用示意

（2）系统结构的创造性更新与强化

从图3-28中可以看出，系统接受冲击的正向作用，强化了R_1回路。R_1正反馈主导系统使得城市格局有了突破式的变化。外部作用和内部结构相互磨合，进一步生成了负反馈回路B_3，于是系统复归于新的稳定。

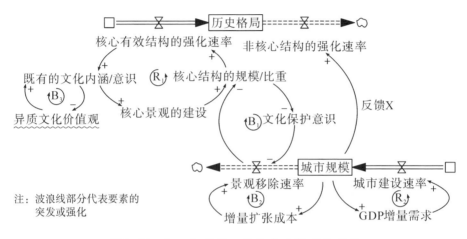

图3-28 R_1、B_3系统回路状态应激变化示意

（3）创新发展模式

在异质文化价值观造成的扰动被城市吸收内化时，城市非但没有遭到破坏，反而在原有基础上实现成长和突破，呈现出更丰富的空间特征和新的文化属性。这类情景，近似于系统动态行为模式中的"指数增长"模式（见图3-29）。如果放到坐标图上理解，则城市文化景观的演化方向近似于一个指数增长曲线图。当然系统不可能无限地发展，由于负反馈回路的生成，最终演化成在固有文化基因基础上带有新特征和新属性的新型城市文化景观。

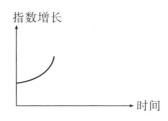

图 3-29　动态行为的"指数增长"基本模式

资料来源：王其藩.系统动力学[M].上海：上海财经大学出版社，2009（7）:296.

同样，R_1 回路起短期主导作用、B_3 回路起协调补充作用的系统演化方向，都可认为近似于图 3-30 所表达的过程。这类城市文化景观演化模式，其最终结果是城市传统风貌的阶段性更新，产生新特点，因此可归结为"创新发展模式"。

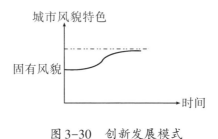

图 3-30　创新发展模式

3.6 小　结

本章借助系统动力学，在城市文化景观系统结构组织关系模型的基础上，构建了城市文化景观阶段性演化模型，详细探讨了城市文化景观系统的结构组织内涵和外部扰动类型，并进一步借助情景案例分析了二者发生关系的原理和作用机制。最重要的结论在于，提出了城市文化景观韧性演化趋势在本质上取决于系统反馈回路的结构及回路的主导权，并推演出韧性演化四种基本模式，有助于概括和理解城市文化景观韧性演化的机制与方向。

第4章 典型城市文化景观的韧性演化过程

不同方向和程度的初始扰动，催生了内涵迥异的城市文化景观。基于此，前文分析概括出了三类典型代表：高度成熟的本土特色城市文化景观；多元文化主导的城市文化景观；尚在形成阶段的当代城市文化景观。较大的内涵差异使得城市生长出有一定差异的系统结构，并且在应对外部冲击时产生了不同的响应与反馈。因而对这类典型案例的分析有助于启发对该类城市文化景观潜在的发展困境及出路的思考。

4.1 成熟稳定型城市文化景观——以福州为例

4.1.1 城市传统风貌特色的形成

古代，福州是典型的遵照传统理念规划形成的城市。早在一千年前，福州就有着"百货随潮船入市，万家沽酒户垂帘"的繁荣景象，是中国四大国际贸易城市之一[83]。

在中国传统的"天人合一"理念影响下，福州城市格局与"三峰"（屏山、乌山、于山）有着紧密的关系。从汉至唐，城市规模不断扩张，但一直控制在"三峰"之内。五代时期，福州为闽国的国都。闽王王审

61

知"招徕海外蛮夷商贾",城市规模扩张至"三峰"范围[84,85],形成"三山鼎秀,州临其间"的格局,并延续至清末[86]。

从演化示意图4-1中可以看出,福州城市形态逐渐演化成熟的历程,类似于图3-15表示的成长变化路径。

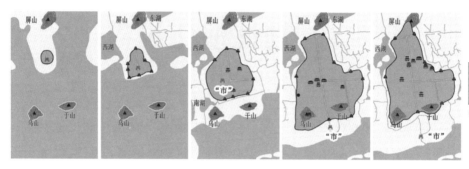

（高清图）

| 汉治城 | 晋子城 | 唐罗城 | 宋外城 | 清初福州城 |

图4-1 古代福州城市发展中的"三峰"格局示意

资料来源:刘淑虎,冯曼玲,陈小辉,等."海丝"城市的空间演化与规划经验探析——以古代福州城市为例[J].新建筑,2020(6):148-153.

4.1.2 系统结构逐步发展和成熟

从汉朝到清初,福州的整体城市规模和核心有效结构都在稳步强化(见图4-2)。在五代十国时期开始形成、延续至清末的"三山鼎秀,州临其间"格局过程中,福州分别在屏山兴建镇海楼、在乌山建设乌塔、在于山建设于塔,进而使"三峰"成为自然与人文复合的城市地标,奠定了城市的基本格局[83]。

从系统结构上看,这是一类典型的相对封闭的演化反馈形式。系统在内生文化主导、生产力稳步发展的条件下,形成了稳定的、具有代表性的韧性反馈结构。

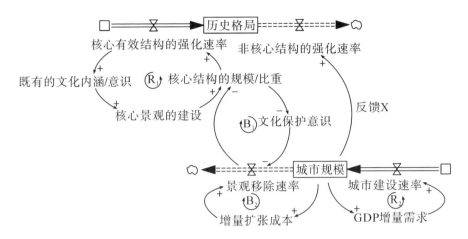

图 4-2 福州城市文化景观系统存量流量

4.1.3 对外贸易扰动与反馈回路更新

清末"五口通商"导致的福州商品贸易急剧发展，是促使城市文化景观演化进入第三阶段（重组，即城市格局的创造性突破）的关键因素。刘淑虎等[83]指出，对外贸易是促成福州"城""市"并置、"一湖、双城"格局的直接动力（见图 4-3）。

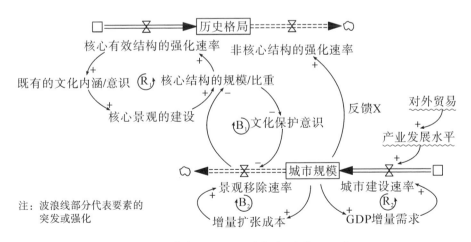

图 4-3 清末"五口通商"扰动作用示意

　　清末"五口通商"促使福州对外贸易相关产业急剧发展，"市"大规模扩张并溢出城墙，与城南江北的"外国集聚区"融合成"新城"。"城""市"的分离使城市突破了历史格局，衍生出新的空间特征。

　　对比福州城市格局前后变化，可以看出，福州应对扰动冲击的城市建设行为可概括为两个方面：一是阈度的拓展。城市格局在"三峰鼎秀"的基础上，拓展到"四望"（见图4-4）。二是核心结构强化。"市"突破"城"却并未随意蔓延，而是沿着历史轴线向南迁移，具有"顺轴移市"的发展特征（见图4-5）。

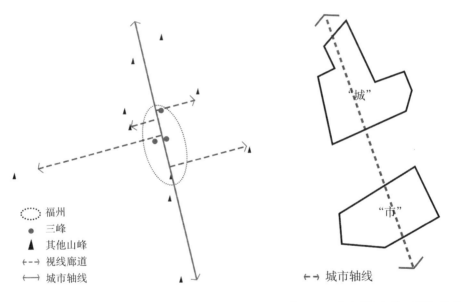

图4-4　清末福州城市轴线与
　　　　"四望"格局

图4-5　清末福州"双城"格局

　　借助模型解读这一过程，即可认为系统在扰动刺激下生成了两条新的反馈路径（见图4-6），其反馈机制分别对应于"阈度拓展"和"核心结构强化"。图中B_3回路反映的是城市建设行为在城市"三峰鼎秀"格局高度成熟时转向以"四望"为依据。通过对阈度的调整，抑制"反馈 X"对于"历史格局"这一存量的流出量的促进效果，降低 R_2 回路主导系统产生的不良影响。另一条反馈路径"城市规模—历史轴线拓展—核心景观的建设"，反映的是急剧生长的"市"并未随意蔓延成为无效结构，而是积极参与到"轴线"这一有效结构的强化过程。两条新生的反馈路径充分表明，福州在承受住扰动冲击后，成长出了更具韧性的结构。

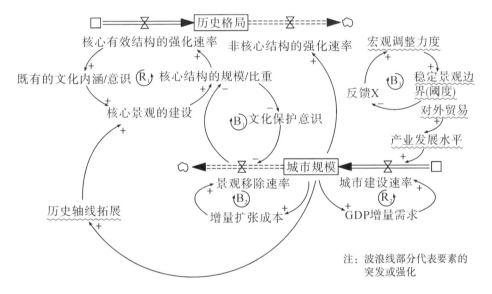

图4-6　福州城市文化景观系统回路状态应激变化示意

4.1.4　启发：建构新的反馈路径

清末福州城市文化景观演化现象的本质，是系统在外界扰动强化 R_2 回路主导权、推动系统走向"遗忘型弱化模式"时，通过构建新的反馈路径，弱化"反馈 X"、强化 R_1 回路，来消解冲击造成的不利影响（见图4-7）。因此，当时福州的应对策略，可以作为同类城市跳出"遗忘型弱化模式"发展困境而探索出的一条成功思路。

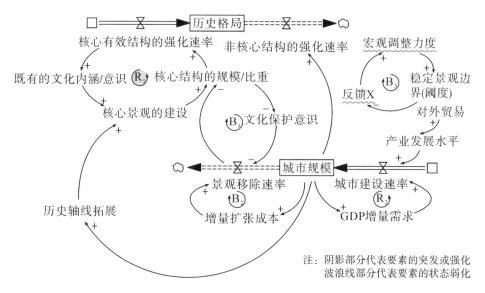

图4-7　福州城市文化景观系统回路状态应激变化结果示意

4.2 异质文化植入型城市文化景观——以大连为例

4.2.1 特殊风貌形成

19世纪末至20世纪初，沙俄侵占大连并开展了一系列城市建设行为，在大连形成了全新的、特殊的城市文化景观，具体表现在三个方面。

（1）城市形成了特殊的城市轴线和城市路网结构

对于大连的规划，俄国采用欧洲典型的放射线、对角线、几何形广场等设计方案（见图4-8）。市中心被分为市区与郊区，市区又分为三部分：行政区、欧洲区、中国人区。在这一规划中，俄国的古典主义规划与巴洛克规划特色极为明显，即重点强调中轴对称、主从关系、突出中心的几何形式；以整齐有序的城市轴线系统，在城市空间结构上表现出"放射线"等标志物视觉引导，一定程度上体现了"几何美学"[87]。

66

图 4-8　大连航拍

资料来源：https://kknews.cc/zh-sg/travel/avqzbjj.html。

（2）城市形成了"港口、铁路、市区三位一体"的特殊结构

城市北侧由铁路直接横穿，东侧海岸线分布港口，西侧开辟为新的市区。铁路、港口、市区紧密联系，形成了风格统一的商贸港口型城市。1899 年至 1902 年，大连港建设完成并铺设港内铁路线，铁路直接连接码头。海运与陆运一体的优势，确定了大连作为欧亚海陆交通枢纽的地位。[87]俄国在大连规划的"港口、铁路、市区三位一体"布局，很大程度上承袭了当时欧洲城市规划经验。

（3）城市形成了带有异国情调的"洋味"城市风貌

这一时期，大连建设了大量欧式建筑，形成了异于国内传统的城市风貌特色（见图 4-9）。在大连建设规划中，城市中心广场的周边规划设

计了面积约94670平方米、足以彰显俄罗斯近代化大都市风貌的市政府、官邸、旅馆、住宅等160多栋不同类型的建筑，以此作为城市文化的象征和城市形象的标志。

图4-9　大连城市内某处建筑

资料来源：http://www.360doc.com/content/21/0104/22/6017453_955216583.shtml。

（4）小结

借助系统模型理解20世纪初大连城市文化景观的形成，可以理解为殖民行为带来的异质文化价值观对大连原有的文化内涵造成巨大冲击并取而代之（见图4-10、图4-11）。系统结构中，"既有的文化内涵/意识"失去活力，无法参与到系统反馈中；取而代之的是"异质文化价值观"这一要素。该要素深刻影响着系统并使之形成了依赖异质文化促成景观发展成长的路径（见图4-10），体现为一个相对特殊的系统结构（见图4-11）。

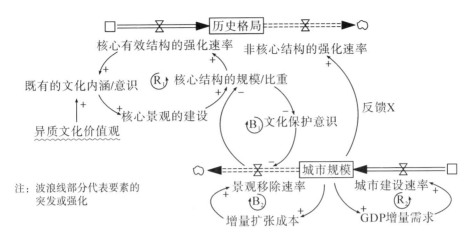

图4-10 殖民行为对大连产生扰动示意

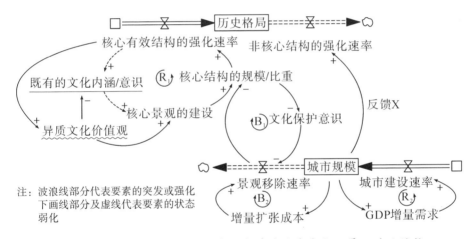

图4-11 殖民行为影响下大连形成特殊的城市文化景观系统结构

4.2.2 城市回归后异质文化回路僵化

随着大连这一类城市的回归，本土文化在城市中夺回话语权。殖民者所代表的异质文化没有持续的活力来源，于是系统结构中"异质文化价值观"这一要素僵化，无法继续参与动态的反馈过程（见图4-12）。通常将被新的本土文化覆盖淹没在历史潮流中，即系统自适应回到"既有的文化内涵/意识"要素参与反馈的韧性结构中。这是系统应对扰动、调整自身结构的自组织特征之一，也是第一种韧性应对方式。

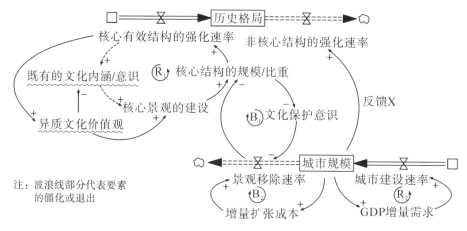

图4-12　大连回归后面临结构缺失导致的原城市文化景观发展难题

然而，随着人类历史文化保护意识的加强，殖民者带来的异质文化普遍被认为是历史的见证，是具有一定价值的。按照这一价值取向，这类城市文化景观发展面临的主要问题在于如何活化"异质文化价值观"这一要素，使系统能够维持原有的结构，实现"异质文化"本土化。这是第二种韧性应对方式，可以从《大连市历史文化名城保护条例》以及相关学者为大连城市文化景观发展提出的建议看出来。

如《大连市历史文化名城保护条例》（2020年）鼓励通过文化旅游、特色商业发展等手段活化文化内涵：

"……合理引导商业开发，鼓励开展传统手工业、特色产品等具有地方特色的生产经营活动。"[88]

又如李悦铮等人提出通过挖掘文化教育示范价值活化文化内涵：

"如位于旅顺新市区的'大和旅馆'……该建筑已成为日本帝国主义侵略中国阴谋的历史见证。这些具有深刻历史内涵的西式建筑是向国人,特别是青少年进行爱国主义教育的实物教材和示范基地。"[89]

4.2.3 启发：活化相关要素

从模型上看，大连的城市发展过程和上述学者的建议，可以理解为通过鼓励发展文旅产业、建立爱国教育示范基地等手段，激活僵化的要素，使之维持原有演化结构（见图4-13），选择的是上文所述第二种韧性应对方式，这也是内地类似城市的主流选择。当然，关于这类城市文化景观前进方向的探索从未停止。

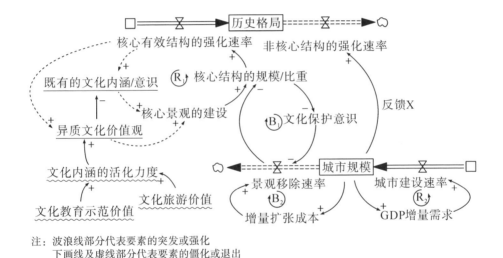

注：波浪线部分代表要素的突发或强化
　　下画线及虚线部分代表要素的僵化或退出

图4-13　通过要素活化使大连得以维持原城市文化景观示意

4.3 当代发展型城市文化景观——以深圳为例

4.3.1 当前主要扰动的映射

以深圳为代表的现代新兴城市，其城市文化景观往往处于韧性演化的"形成"阶段，故而能在城市空间中较全面地反映当代文化。

以深圳最早的中心区罗湖区为例，其作为改革开放先锋，高层建筑不仅是建筑，更是特区改革、创新的精神载体。每一栋高楼都想跳出街区，成为标志物，结果是深圳变成"国内高层建筑博览会"（见图4-14）。

图4-14　罗湖上步早期规划

资料来源：蒋俊涛.深圳城市中心区的空间演进［J］.城市建筑,2005（5）:22-25.

如图4-15所示，由于其文化底蕴过于薄弱，所以空间结构相对简

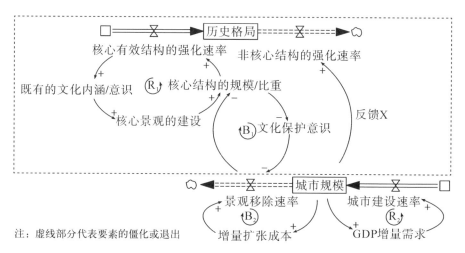

注：虚线部分代表要素的僵化或退出

图4-15　早期深圳罗湖区城市文化景观系统动态演化结构

单，城市空间直接由当下的扰动冲击形成自身特色，客观反映城市有效格局的力度极弱。

4.3.2 时代特色的探索

当然，随着时间的推进，人们意识到这些"新建筑"不仅令城市空间环境混乱失控，也使得建筑之间形成很多消极的城市空间[90]。建筑的风格不一，无法凸显自身特色。同时，高层建筑体量大、能耗大，对建成后的街区环境影响深远，来自规划层面的控制十分迫切[91]。

深圳也发现了原有建设思路下城市延续发展存在的问题，所以另外开辟了福田区作为中心区。福田区的城市建设有了突破式的进步：围绕城市核心结构的建设进行了一系列尝试，例如核心景观的构建，新中心、新轴线的确立等。

1987年，福田区规划确立了中心区的轴线景观，其后的规划也沿袭了这一设计[92]。1989—1995年，政府开始投入资金大力建设福田中心区，开展了关于福田中心区的两次规划设计竞赛。入围方案的设计者们都是在路爱林·大卫斯规划公司中轴线设计的基础上，进行了多种空间设计的尝试（见图4-16）。

福田区的中轴线建设，通过大体量的绿化空间、公共建筑和山体制造强烈的视觉冲击，并将公共建筑刻画成中轴线上的高潮和焦点，使轴线充分体现深圳现代化、充满创新与活力的城市形象。

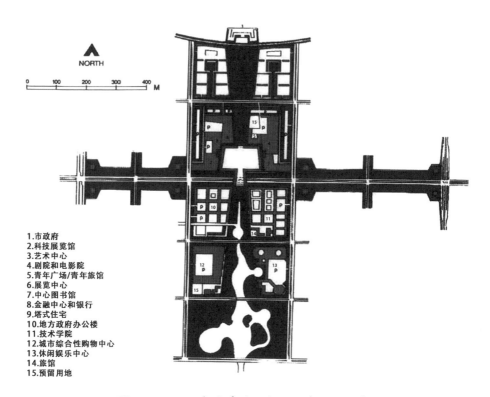

1.市政府
2.科技展览馆
3.艺术中心
4.剧院和电影院
5.青年广场/青年旅馆
6.展览中心
7.中心图书馆
8.金融中心和银行
9.塔式住宅
10.地方政府办公楼
11.技术学院
12.城市综合性购物中心
13.休闲娱乐中心
14.旅馆
15.预留用地

图4-16　1987年路爱林·大卫斯中心区方案

资料来源：《深圳市中心区域城市设计体与建筑设计1996-2004》系列丛书。

　　不难看出，相比于罗湖区，福田区的城市建设，完全是按照模型所示思路、构建自己发展路径的（见图4-17）。因而，我们可以结合系统模型，从深圳为城市文化景观发展建设作出的一系列尝试中得到启发。

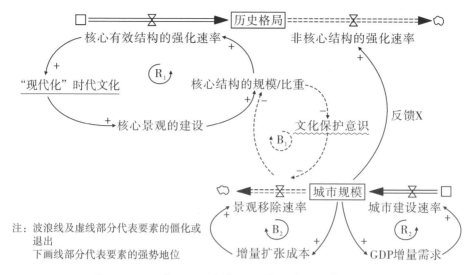

图 4-17 深圳福田区城市文化景观系统动态演化结构

4.3.3 启发：推进系统反馈结构的成熟

可从五个方面理解深圳案例的内涵和价值。

（1）从行为的本质来看：新中心区福田区的早期建设目标在于确立城市的核心格局和文化属性特征。

（2）从系统结构的角度来看：福田区的早期建设行为反映了系统回路的完善和复杂化，城市文化景观系统在向着一个结构完整、有生命力的方向发展。

（3）同类城市文化景观发展面临的难题：自身特色、文化内涵的确立。

（4）"文化内涵确立"的"深圳思路"：深圳作出的一系列尝试，都是在探索如何通过城市建设，展现出现代化的、代表创新与活力的、反映时代文化的城市文化景观，这一点把握住了核心。因为，"中国飞速崛起的代表之一"就是深圳最大的特色。深圳作为一个时代的见证，其城市文化景观一定会在未来拥有较高的文化价值。提早的规划显现出了

75

当局者的先见之明。

（5）启发：类似的很多新兴城市也应从结构上抓住关键要素，以推进系统反馈结构的成熟为着力点，致力于推动反馈回路 R_1 的生成及其作用的有效发挥。

4.4 城市文化景观韧性提升策略研究

4.4.1 当下我国城市文化景观发展困境

当代城市文化景观的发展面临着前所未有的冲击。从文化价值观念的角度看，城市不再是信息闭塞的个体空间，而是持续接收着来自各个维度多元文化的冲击；从空间生产关系的角度看，数次工业革命影响深远，传统手工业主导下的城市文化景观一去不复返。"顶层设计"和"底层逻辑"都在发生着深刻而剧烈的变化，城市文化景观面临的扰动强度前所未有。

4.4.2 城市文化景观韧性总体应对策略

看似复杂多样的外界扰动，在针对系统的作用方向上往往存在着一致性。沿着作用方向找到二者之间的主要矛盾，问题就能迎刃而解。针对具体的城市，首先，要深入分析其内涵属性，提出影响系统稳定性的扰动类型，以及在该类扰动下城市文化景观发展潜在的最大问题；其次，判断系统演化所处阶段，并结合城市文化景观阶段性演化模型，明确阶段特征，提出注意事项；最后，借助城市文化景观系统结构组织关系模型，分析扰动作用下的各个回路状态及其影响下的系统存量流量关系，推出系统演化趋势，从改善存量流量关系的目的出发提出回路优化策略。

76

（1）识别内涵——判别影响系统的扰动类型

不同内涵的城市对于复杂的扰动冲击有着不同的"敏感点"。有些城市由于历史格局的"文化存量"太小，虽然能较好应对来自空间生产层面的较大冲击，却在面临价值观层面的扰动时"一冲即散"，有些城市则相反。对于如何评价城市文化景观背后的文化基因是否被破坏，韧性理论认为，只要震荡发生在阈度范围之内，都可认为系统处于稳定状态。针对具体的城市，首先，依据对历史演化过程的分析提炼城市内涵；其次，结合当下实际对系统是否稳定进行基本判断；最后，归纳外部条件变化产生的扰动因子及其作用强度。

（2）判定阶段——针对性引导施加或化解扰动

处于不同韧性循环阶段的城市文化景观在韧性特征、扰动风险等方面存在着显著差别，因而需要针对性研究。

例如景观特征正在初步形成或更新的城市，其结构稳定性极度脆弱。外部冲击都有可能直接影响城市空间，同时被直接复刻进城市文化基因，成为系统的强大内力。所以，积极吸收并正确引导这些扰动比单纯的抵御或化解更重要，应从完善系统结构的层面重点施策、进行引导。早期深圳先后选择在罗湖区和福田区建设中心区的两次尝试，就代表着两种思路，带来的城市文化景观发展效果差距显而易见。

又如处于发展成熟阶段的城市，长期封闭就容易走向僵化。按照生态学韧性循环观点，此时需要合理发挥扰动的作用，经常性地引导扰动作用在系统的更小尺度上，使系统平稳过渡到第三阶段。根据生态学韧性理论中对于"扰沌"的论述，重点在于促进系统利用小尺度过程来进行应急处理，而不必时常重组大尺度结构。[93]

（3）组织应对——基于四种情景模型进行结构层面的优化

系统结构已经成熟的城市文化景观，其内部仍然处于动态变化的状态。外界扰动在不同程度上影响着各个回路之间的关系，可能使系统有向着不良方向演化的趋势。只有准确识别系统韧性结构、分析回路层次关系，方能做好预判、提前规划，防之于未萌，治之于未乱。

从系统结构组织关系角度提出的优化策略，本质上是通过对薄弱环节的补充、有效回路的构建或者新反馈的引入，达到强化系统结构以增强其抵抗力和恢复力的目的。

①情景一：城市文化景观发展的稳定积累模式

此种情景下，R_1回路起主导作用，为系统最常见和比较理想的状态（见图4-18）。可以理解为城市在社会经济稳步发展、城市规模维持稳定或稳步扩张的状态下，固有文化内涵的积累维持着一个较高的速率。客观表现为城市文化景观的不断强化，是一种"好"的系统状态。重点在于维持R_1的主导权，使系统不偏离原发展方向。

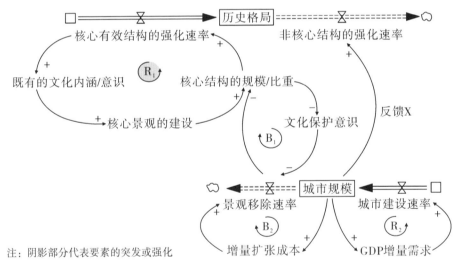

注：阴影部分代表要素的突发或强化

图4-18　R_1回路主导下的系统结构

②情景二：覆盖型弱化模式

此种情景下，由于R_1回路被削弱，B_1回路起着主导平衡的作用（见图4-19）。可以理解为城市内历史文化属性较强的空间遭受损失，导致城市文化景观的历史特征被覆盖性地消除。此时，B_1回路的强度决定着城市文化景观被破坏的下限。应对策略上，既需要通过其他手段强化R_1回路、弥补损失，也需要注意对反馈X进行适当的弱化控制。例如通过强化历史格局对空间的控制强度以弥补R_1回路的损失，或通过进一步加强文化保护意识，以强化B_1回路对R_1回路弱化的抑制效果；同时应通过弱化R_2回路或引导建立新的反馈链等其他手段降低反馈X的作用。总而言之，这是一种"不好"的系统状态，即使短期内系统未出现问题，也应及时调整。

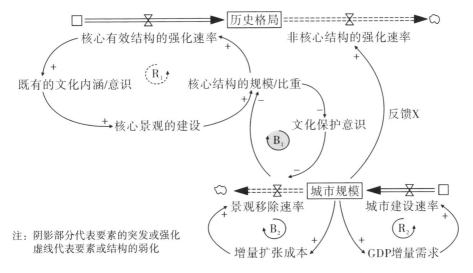

注：阴影部分代表要素的突发或强化
　　虚线代表要素或结构的弱化

图4-19　R_1回路弱化导致B_1回路处于主导地位的系统结构

③情景三：遗忘型弱化模式

此种情景下，R_2回路起主导作用（见图4-20）。可以理解为城市快速大规模的开发建设导致城市文化积累速率大幅度落后于城市空间扩张速率。大规模新建的城市空间将城市历史格局淹没，同时把创造文化的"人群"从核心结构中引流出来，进一步弱化了既有文化在城市空间内的积累发展。于是，原有的城市文化景观逐渐被遗忘在历史的角落，失去了城市特色的代表地位。这是另一种"不好"的系统状态，应对策略需要通过强化B_2回路或其他手段来减小"反馈X"的作用；或者通过历史文化空间建设等手段大力强化 R_1 回路。例如当下强调"增量扩张"转向"存量优化"的城建思想，就是一种强化 B_2 回路、弱化 R_2 回路的系统自组织结果。规划可以基于对此的分析，有目的地协助系统更好地进行组织应对。

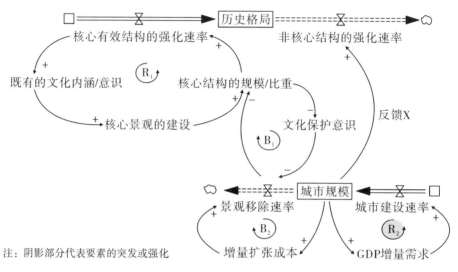

注：阴影部分代表要素的突发或强化

图 4-20　R_2 回路主导下的系统结构

④情景四：创新发展模式

此种情景下，R_1 回路起短期主导作用，系统在短期内形成新的反馈结构。可以理解为单一属性异质文化（区别于复杂属性的文化，如侵略者代表的异质文化）参与到城市空间建设的过程，使得城市文化景观在原有基础上多出一系列特殊属性。由于冲击是短暂的，所以系统在得到突破性成长后很快恢复稳定，进入新的循环阶段。这是另一种"好"的系统状态。难点在于如何促使扰动对于系统作用的正向极性链的形成。可参考前文引用的韧性理论"扰沌"概念，即积极引导异质文化在更小尺度上对城市建设的影响，控制住城市在大尺度上受到的异质文化扰动冲击。

第5章 城市文化景观的多尺度嵌套特征

5.1 城市文化景观多尺度嵌套模型

　　基于扰沌理论的多尺度嵌套模型是认识和分析城市文化景观系统演进的重要工具，可以为城市文化景观在不同尺度上的适应性循环特征和相互作用提供分析框架。基于此，构建了城市文化景观多尺度嵌套模型（见图5-1）。

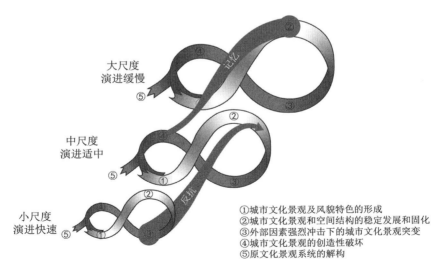

大尺度
演进缓慢

中尺度
演进适中

小尺度
演进快速

①城市文化景观及风貌特色的形成
②城市文化景观和空间结构的稳定发展和固化
③外部因素强烈冲击下的城市文化景观突变
④城市文化景观的创造性破坏
⑤原文化景观系统的解构

图5-1　城市文化景观多尺度嵌套模型

81

　　根据城市文化景观丰富的内涵，可以将城市文化景观系统划分为三个层次：宏观层次的城市尺度文化景观，是以关键要素与组合为基底塑造的景观骨架，控制与引领城市人文空间格局构建；中观层次的城市片区尺度文化景观，是基于多元要素的组合形成的复合感知整体，在统一和多元中展现了城市文化景观的韧性；微观层次的街道或地块尺度文化景观，具小规模、变动频繁的要素与细节特征，体现创造和变化的丰富可能性。

　　不同层次的文化景观之间为嵌套包含的关系，较小尺度的文化景观是较大尺度的文化景观的组成部分（见图5-2）。

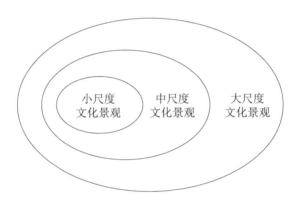

图5-2　城市文化景观多尺度嵌套关系

　　具体而言，城市尺度下的城市文化景观是较高层次的适应性循环，其变化缓慢，频率较低；城市片区尺度次之，而街区或街道尺度是变化最快、频率最高的层次。不同层次的城市文化景观子系统不是静态的物质空间要素，而是一个适应性循环系统。这些适应性循环同时发生着"开发—保存—释放—重组"的阶段演进过程，每一个循环既可能是上一个循环的重复，即城市文化景观风貌的保存、修复、积累，也有可能表现出全新的特性，即破坏、创造、更新。不同的适应性循环可能处于不同的演进阶段中，并通过"反抗"和"记忆"进行不同层次之间的联系。

具有良好韧性的城市文化景观系统应当在快速运行的低层次中进行创新、实验和检测；在慢速运行的高层次中对过去的成功经验进行记忆和保护，以调和城市文化景观创新变化和历史保护的矛盾，实现城市文化景观有序的动态演进。

与多尺度嵌套模型一致的是，城市文化景观在不同层次也有显著的不同特征，如不同层次的核心结构、演进规律等。这有助于理解城市文化景观的空间组织构成并针对性地提出韧性提升策略。

城市文化景观的多尺度嵌套关系是逐渐演化形成的。首先产生的是低层次的适应性循环，此时规模较小，变化较快。低层次的相互作用逐渐产生了高层次的适应性循环。一定程度上，低层次适应性循环决定了高层次适应性循环的构成和特征，即小尺度的城市文化景观，如街区、建筑等形成了城市整体文化景观的基底和环境背景。因此，探究城市文化景观的多尺度嵌套模型，应当首先探究小尺度城市文化景观的核心结构和动态演进机制，进而研究小尺度城市文化景观是如何形成更高层次的城市文化景观的，并探究向上跨尺度作用的渠道。

5.2　城市文化景观的尺度构成

运用扰沌理论构建城市文化景观的多尺度嵌套模型之前，首先应当对城市文化景观的"尺度"进行分析。霍林的多尺度嵌套模型中的"尺度"一词原指"Scale"，即空间规模。随着多尺度嵌套模型的应用延展至社会—生态系统后，尺度一词的内涵也逐渐丰富。David W 等[94]认为，尺度可以是嵌套层次结构，如空间、时间、管辖和制度尺度；也可以是非等级或非包含关系的，如网络、知识、生态和社会尺度。

城市文化景观作为一种人与自然相互影响、动态关联的景观对象，其尺度内涵不限于空间维度，也包含时间、人的活动和作用等多种维度。然而，考虑到城市文化景观的时间尺度在本书第三章中已有较为深入的探讨，以及城乡规划专业的空间视角，本节的城市文化景观"尺度"主要指向空间尺度，对其他尺度仅是略有涉及，更强调其他尺度与空间尺度的相互作用关系。

城市文化景观本身的空间规模差异甚大，小至历史园林、建筑群，大到聚落遗址、历史城镇。因此，城市文化景观并不一定能完全包含城市、城市片区、街道地块的完整层次关系。如杭州西湖风景名胜区，作为自然景观和人文底蕴并重的典型城市文化景观，其最高层次的空间尺度仅是城市片区，不包括城市尺度。

5.2.1 小尺度适应性循环：街道、地块

（1）构成要素

城市文化景观小尺度适应性循环的构成要素可分为物质要素和非物质要素。物质要素主要指在街道、地块范围内，受地形地貌、历史人文、社会活动等综合作用，逐渐发展出的文化建筑、园林景观、公共广场、符号象征等物质载体和外在表征。小尺度下，城市文化景观与人们的日常生活、感受与体验最为贴近，因此小尺度适应性循环中的非物质构成要素主要是指人们日常的生活方式与社交、精神需求（见图5-3）。

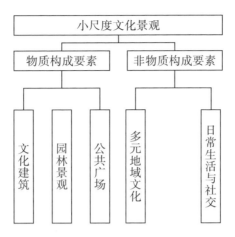

图5-3　小尺度城市文化景观构成要素

　　以澳门为例。明清时期，土地庙作为分布广泛、具有重要精神价值的文化建筑，被官方用以组织最底层的地方小区——里坊，成为里坊在物质和文化上的核心（见图5-4）。到近代晚期，土地庙分布于里围单元

图5-4　澳门土地庙

资料来源：https://www.sohu.com/a/241309605_100199060。

和街道，通常设于里围住宅单元入口处（见图5-5）。近代以来，澳门诸多庙宇自然转变为华人社区福利机构，成为华人市民精神寄托的中心点[95]。

土地庙
里围复合体
1866年街块

康公庙

（高清图）

图5-5　土地庙均布于里围单元和街道

资料来源：郑剑艺.澳门内港城市形态演变研究［D］.广州：华南理工大学,2017.

在城市文化景观多尺度嵌套模型的视角下，每一个里坊（或里围）都构成了一个小尺度的适应性循环，土地庙是其中占据主导地位的物质要素，传统文化和习俗活动是该循环中主要的非物质要素。以土地庙承载传统文化和习俗活动，两者共同构成了里坊（或里围）的城市文化景观核心。

（2）小尺度文化景观特点

小尺度适应性循环的演变主要指：街道拓宽、建筑拆除或局部改造、新建建筑等较微小的变化。这些变化处于适应性循环的不同时期，对原有空间形态及附着其上的活动及文化表现出形成、发展、破坏、重组等不同的作用。小尺度城市文化景观演进特点可以概括如下。

①变化频繁、演进快速：小尺度、低层次的适应性循环演变较为频繁。这是由于小尺度的城市文化景观规模存量较小、空间组织模式较简单，只需较小的外力扰动就能推动其变化。

②富有创新和变革：由于小尺度文化景观在整个文化景观系统中数量更多、变化更频繁、设计主体更多元，因此在小尺度文化景观中往往更容易涌现出创新和变革。

③地域性较强：小尺度文化景观的形成、发展与演变往往与当地居民的营建活动密切相关。与更大尺度的文化景观相比，小尺度文化景观更多地体现出当地文化、观念、习俗特征。

（3）小尺度适应性循环案例

以杭州南宋御街为例。南宋御街地处杭州市上城区，原为杭州市中山中路，自南宋以来一直是杭州市传统商业中心。新中国成立之后，杭州市近代商业中心北移和西迁，中山中路逐渐功能衰败，风貌破败，2008年保护更新工程之后其风貌与作用逐渐恢复。

南宋御街现存的历史建筑主要建造于明清和民国时期，风格丰富多元、占比均衡，甚至出现了交融与混杂，如中国传统民居、西洋复古、折中主义、现代主义等特色建筑。其风貌特点是在长期历史演进中逐渐形成的：①南宋时，中国政治经济中心南移，中山中路成为专供南宋皇帝驾车通行的御街（即天街）。②明清时期，御街被分为南、中、北三段。许多老字号商铺逐步出现，商业功能兴起，政治功能下降。③19世纪末，随着帝国主义入侵中华，杭州开设了大量日本人商埠，御街中西方文化交融共存的"折中主义"建筑风格由此形成。此时，御街出现了一批西式洋楼和中西混合建筑，外国的商埠、商号广泛入驻御街。自此，御街从建筑、业态、社会文化等方面都出现了中西交融[96]。④20

世纪20年代，为了迎接孙中山的到访，杭州政府命令沿街商家按照西洋建筑风貌区改造沿街的商铺[97]。

由此可见，南宋御街处于一个不断动态演进的适应性循环中，在政治、战争、外来文化等剧烈扰动的作用下，依然能够维持核心功能与结构，并进行传承与创新。今日南宋御街的新旧混杂的多元风貌，是历史完整性和延续性的体现。

由于南宋御街规模较小、空间结构关系简单，自下而上的微观扰动对其也有较大的影响。尤其是第二和第三阶段，南宋御街演进主要表现为单栋建筑的新建与改造，其驱动力主要来自业主，每一栋建筑都反映了当时当地业主的文化价值观念和生活需求。由于不同业主有各自的审美意趣和需求，因此南宋御街整体上表现出了演变频繁、富有创新的特点。

典型的如胡庆余堂，在建筑形式上，采取了"前殿堂后作坊"的布局形式，为清代末期中药房兼门市的典型。在营业大厅的天井等处，则大胆地采用了当时在国内的传统建筑中很少使用的玻璃天棚，这一新工艺的采用为杭州地区带来了建筑技术上的变革（见图5-6）。虽然此种做法在最初可能仅仅是为了扩大营业的使用面积，但无形之中对杭州近代建筑的发展起到了一定的推动作用。

图5-6　胡庆余堂玻璃天棚

资料来源：https://www.2amok.com/videoText/42303.html。

5.2.2　中尺度适应性循环：城市片区

（1）构成要素

城市文化景观的中尺度适应性循环的对应范围是城市片区。城市片区的大小并没有具体、量化的限制，而是通过与其他片区主题的区别进行划分，即通过内部的相似性和连续性，确定城市文化景观片区的边界。正如凯文·林奇在《城市意象》中所述：

"城市的区域，在最简单意义上是一个具有相似特征的地区，因为具有与外部其他地方不同的连续线索而可以识别。相似的可能是空间特征，比如灯塔山附近狭窄阴暗的街道；也可能是建筑形式，比如城南端宽大立面的联排房屋；也可能是风格或地形；还可能是一种典型的建筑特征，比如巴尔的摩建筑的白色门廊；或是一种特征的连续，比如色彩、质感，或是材料、地面、比例、立面细部、照明布光、植被、建筑轮廓等等，这些特征相互重叠的越多，区域给人留下的整体印象就越深。"[77]

中尺度适应性循环的构成要素同样包括物质要素和非物质要素。这一尺度下的物质要素，除了建筑、园林、广场等点状要素，也包括空间关联要素，如道路网络、视觉廊道、建筑组合方式等。这些关联要素通过串接城市物质空间诸要素，强化彼此的相互作用，共同构成了具有组织感和秩序感的城市文化景观整体。非物质要素方面，中尺度下城市文化景观不仅与居民的日常活动、空间感受紧密相关，还与非日常性活动有所关联，如出游、纪念、节庆等（见图5-7）。

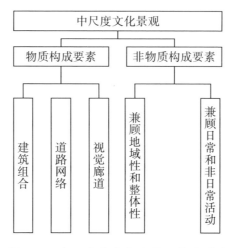

图5-7 中尺度城市文化景观构成要素

以杭州西湖为例。杭州西湖于2011年作为"文化景观"被列入《世界遗产名录》，遗产区面积约43.3平方公里。西湖文化景观包括5大类景观组成要素：秀美的自然山水、独特的"两堤三岛""三面云山一面城"的景观整体格局、系列题名景观"西湖十景"、内涵丰富的10处相关重要文化遗存、历史悠久的西湖龙井茶园。分析杭州西湖作为中尺度城市文化景观的构成要素，其中文化遗存、龙井茶园等可以认为是高度凝聚的点状要素。在丰富的点状要素基础上，西湖还通过线状要素，将单一、独立的点状要素串接起来，如以白堤组织断桥、孤山、西泠桥、放鹤亭、西泠印社等多个点状要素，形成稳定的场域，表现出强烈的西湖特有的审美和文化意象[98]。非物质要素方面，西湖不仅承载周边居民的游憩等日常活动，以及观演、研学、文化节庆等非日常性活动，还具有丰富的历史文化内涵、独特的审美特征和精神价值。

（2）中尺度文化景观特点

中尺度适应性循环的演变主要指：景观重心分布变化、街巷格局的演变、建筑组合的变化等会影响到片区景观结构的转变。这些变化有的是对原有空间形态及空间结构的冲击，但大多数时候是在原有基础上的不断发展和强化。中尺度城市文化景观演进特点可以概括如下。

①变化频率适中：中尺度的适应性循环演变速度适中，因为这一尺度下的城市文化景观规模存量相较于小尺度的文化景观更大，空间结构关系也更为复杂。

②文化景观演进具有韧性：小尺度文化景观相对活跃，促进城市文化景观的发展与变革；大尺度文化景观相对稳定，保持城市文化景观的延续与继承。中尺度文化景观介于两者之间，保存小尺度文化景观中的创新，受大尺度文化景观的结构控制，在弹性和刚性的协调中实现了城市文化景观的韧性演进。

③兼顾地域性和整体性：在中观的城市片区尺度，不同片区在自身的自然环境和历史文化下生成，同时在外界相邻片区的渗透、传递等作用下不断调整，最终成为宏观城市文化景观整体中的一部分。

（3）中尺度适应性循环案例

以永州江永城潇浦街历史文化街区为例，介绍中尺度城市文化景观的适应性循环。

这一片区自古以来就是湘桂古道的重要节点。江永城市建于唐中后期，于元初搬迁至此，明清时期城内形成以县衙和文庙、武庙、明伦堂、城隍庙及考棚为主题的三组封建礼制建筑群，与祠堂、民居、商铺一同组成八街八主巷格局[99]（见图5-8）。从元初到明清，该街区完成了城市文化景观从"城市文化景观及风貌特色的形成"到"城市文化景观和空间结构的稳定发展和固化"的演变。

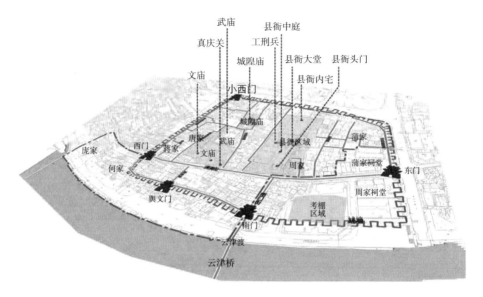

图5-8 潇浦街历史空间结构

资料来源：刘建阳,谭春华,费浩哲,等.不同而"和"：共生理论下历史文化街区保护与更新规划实践［J］.中外建筑,2022（5）:42-50.

新中国成立后，在无强制保护政策的环境下，潇浦街历史文化街区内部自发形成新旧空间和功能的共生萌芽。县政府、法院、检察院、祠堂、民居等在空间尺度上基本融合，所在区域的公共属性得以相承，延续了街区活力（见图5-9）。这一演变的驱动力，是人的生活方式和需求发生了根本性的转变。在现代生活方式的冲击下，传统文化景观和新生文化景观融合在一起，经过重组后，形成新旧共存共生的形态，即完成了"外部因素强烈冲击影响城市文化景观的突变"到"城市文化景观的创造性破坏"阶段。至此，该片区作为一个中尺度的城市文化景观，完成了一个循环，实现了适应性循环的良性演进。虽然功能和建筑形态有所变化，但是空间结构和核心建筑布局具有明显的承继关系，体现出弹性和刚性的双重影响。

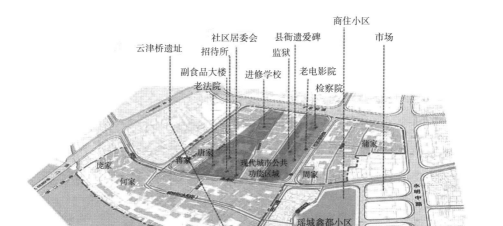

图5-9　潇浦街当代空间结构

资料来源：刘建阳,谭春华,费浩哲,等.不同而"和"：共生理论下历史文化街区保护与更新规划实践［J］.中外建筑,2022（5）：42-50.

5.2.3　大尺度适应性循环：城市

（1）构成要素

大尺度城市文化景观主要涉及城市或更大范围的区域。宏观尺度上，由于空间异质性、要素构成和联系的复杂性，需要从整体视角对城市文化景观的空间架构进行概括和提炼。在大尺度下，城市文化景观强调城市门户节点、景观轴线或景观大道、城市标志物、城市天际线等对城市形态和风貌有巨大影响力的物质构成要素。大尺度文化景观主要承载居民非日常的活动、城市外来访客的活动，是城市历史文化与风貌特色的集中体现（见图5-10）。

以上海市为例。上海是国家经济中心城市、国家历史文化名城，藉由近代移民融合的历史过程形成了中西合璧的城市文化特质。作为大尺

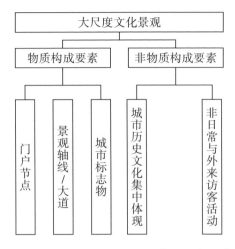

图 5-10　大尺度城市文化景观构成要素

度的城市文化景观适应性循环，内部物质要素错综复杂。从城市整体的宏观尺度认知上海的文化景观结构，可以首先将内环线作为分界线：内环以内，多种要素集聚复合，构成了特别丰富的城市空间和公共活动网络；内环以外，放射性骨干道路为空间特征主导，各类要素分布则相对零散、特色模糊[100]。

　　在内环线之内，浦西已形成一定规模、相对完整且特色鲜明地区，外滩—人民广场成为景观核心；浦东已形成以陆家嘴、世纪大道为主的"一点、一线"特色地区，其他地区分化鲜明。外滩—人民广场、陆家嘴和世纪大道成为控制上海整体景观格局的骨架与核心要素，具有标志性的作用，极大地增强了城市特色和认同感（见图 5-11）。大量的城市活动也发生在这一区域，一项基于大众点评数据、出租车到达数据与文化设施 POI 数据的上海城市空间活力测度的研究显示：外滩—人民广场、陆家嘴和世纪大道是上海市活力最高的地段之一[101]（见图 5-12）。在非物质要素层面，外滩—人民广场所代表的海派文化和陆家嘴、世纪广场所代表的现代文化交融，正是当下上海城市文化的最好写照。

图5-11　上海标志性景观

资料来源：https://www.jj20.com/4k/qt/346219.html。

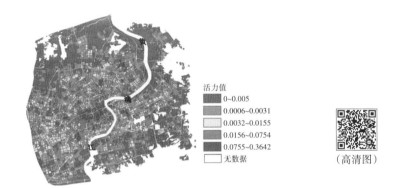

图5-12　上海活力空间格局

资料来源：塔娜,曾屿恬,朱秋宇,等.基于大数据的上海中心城区建成环境与城市活力关系分析［J］.地理科学,2020,40（1）:60-68.

（2）大尺度文化景观特点

大尺度适应性循环的演变主要指：城市景观轴线体系的变化、城市标志性建筑物或重点地段的形成、城市门户节点的形成或衰落等对城市整体景观秩序形成重大影响的转变。

大尺度城市文化景观演进特点可以概括如下。

①变化频率较低：大尺度的适应性循环演变速度较为缓慢，这是因

为这一尺度下的城市文化景观是在长期演变中逐渐形成的，规模存量较大，空间结构关系非常复杂。

②具有稳定不变的刚性：大尺度的城市文化景观，由于其变化频率较低、规模大、空间结构稳定，因此在城市文化景观系统中表现出稳定性和刚性。

③整体性较强：大尺度的城市文化景观，更多地受自上而下的人为规划与设计影响，因此表现出更强的整体性。虽然在空间上包含丰富多元的中小尺度城市文化景观，但是大尺度文化景观不是构成要素的简单集合，而是在此基础上的提炼和整合。

（3）大尺度适应性循环案例

以广州为例，广州城市的传统中轴线北起越秀山镇海楼，经过中山纪念碑、中山纪念堂、广州市政府、人民公园、起义路，终点为海珠广场，直线距离约3公里。它位居中央，有明确的南北开放空间联系，对广州城市形态具有决定性的驾驭意义。在物质形态上，传统城市中轴线地区，是历史文化名城整体格局的"脊梁"[102]。

广州的传统中轴线可以追溯到秦始皇统一岭南、建"番禺城"。至今，传统广州城市中心历经2000多年的发展而未受城市剧烈变动和扩展的影响。历经汉唐宋到明清，城区位置没有大变化，始终沿一条南北中心轴线对称发展，位置与走向没有大的变动。至清代已基本形成了贯穿越秀山、官署衙门、商业区、珠江的城市轴线雏形。

至民国初期，广州市传统中轴线在原有雏形的基础上进行了完善和延伸，在承继清代的城市布局的同时，建设了大量重要的近现代公共建筑、纪念建筑和公共空间，如中山纪念碑、市政府大楼、中山公园等。至此传统城市中轴线格局基本形成。

从这条历史中轴线的演进和变革中可以看出，大尺度文化景观具有在城市尺度上的控制性和引领性，同时也非常稳定，即使不断演变，也是在原有的基础上进行拓展和延伸（见图5-13）。

图5-13　广州传统中轴线

资料来源：在《广州历史地图精粹》中的1947年广州市图基础上绘制。

5.3 多尺度城市文化景观的相互作用

韧性多尺度嵌套模型以"记忆"和"反抗"作为不同尺度间相互作用的机制，将其应用于城市文化景观的尺度作用关系，依然有较好的解释力。"记忆"是大尺度的文化景观对小尺度文化景观的稳定和保存作用；"反抗"表现为小尺度的文化景观的频繁演变、逐渐积累，以至于在大尺度的文化景观上产生影响。大尺度上发现的许多文化、风貌破坏问题，都根源于小尺度文化景观，小尺度文化景观的问题通过累积放大成区域性大问题。

"记忆"与"反抗"的作用形式与强度与外部条件、内部结构有很大联系，有正面作用也有负面作用，如单栋保护建筑的破坏就是负面的"反抗"，逐渐积累可能导致城市文化景观的整体衰落；城市地标的建设和天际线的整治就是正面的"记忆"，可以有效地促进城市文化景观的整体繁荣。培养具有韧性的文化景观应该积极追求正面的"记忆"和"反抗"。

同时，应当意识到"记忆"和"反抗"在城市文化景观的演进过程中都起到了重要的作用，"反抗"为城市文化景观提供变革和创新的动力，"记忆"稳定整体文化景观变化速率和比例，维持文化景观核心特质。应当追求两者的平衡和协调，以实现有序、渐进的动态演变。

5.3.1 反抗：自下而上的变革和创新

（1）"反抗"的概念辨析

反抗是指通过低层次的关键变化级联到高层次系统，尤其当高层次处于僵化和脆弱的阶段。需要说明的是，层次之高低是相对的概念。城市文化景观包括大尺度、中尺度和小尺度三类主要的空间尺度，广义范围上还可以拓展延伸至区域尺度、全球尺度。因此，城市文化景观系统中的"反抗"不应当仅仅理解为小尺度文化景观的演变，即建构筑物的建设与拆除、小型公共空间的塑造等，而是整个系统自下而上的作用之和。

另外，并不是所有小尺度文化景观的变化都能够突破尺度界限，对上一层次的文化景观产生作用。由于"反抗"来源于低层次的适应性循环，即更小尺度的城市文化景观，其规模较小，因此"反抗"的作用力往往较弱，要产生显著的效果，需要长期积累，由量变引起质变。所以，无序的、随机方向的突变往往不会对城市文化景观整体系统产生显著影响，因为缺乏长期相同方向的累积。能作为"反抗"的城市文化景观变化应当是符合总体演变趋势的。

（2）"反抗"的作用方式和路径

"反抗"主要有两种作用方式，一种是通过关键节点的变化，带动周边发展，对更高层次发生作用；另一种是通过累积叠加，由量变引起质变，对更高层次发生作用（见表5-1）。

表5-1　城市文化景观多尺度嵌套模型中的"反抗"作用方式和路径

序号	"反抗"的作用方式	"反抗"的作用路径
1	通过累积实现量变引起质变	大量同方向的局部建设
2	通过关键节点的变化带动周边发展	选定关键节点进行规划设计

①关键节点变化

此类"反抗"主要依靠规划设计或城市建设者对于现状的深入认识，并在此基础上选定关键节点进行改善，进而作用至更高层次的城市文化景观。如西湖湖滨地区，通过给街区匹配合适的触媒，确保其在环境中合理分布位置，并链接多个锚点，触发链式反应，最终全面提升滨水街区的活力。在西湖湖滨地区中，触媒包括三类：基础设施（如历史建筑群、剧院、图书馆、社区医院、菜鸟驿站等）、公共空间（如城市绿地、景观廊桥、街头公共艺术空间、运动休闲广场等）、功能构成（如餐饮、骑楼、酒吧等）。这些元素为自身发展进行改变与进步的同时，更对周围环境起到了催化剂的作用，从而激发城市形态的发展，更多元素得以形成[103]。

②量变引起质变

此类"反抗"需要积累大量同方向小尺度文化景观的突变，主要依靠自下而上的集体无意识建设累积。如现代化城市建设浪潮中，大量低层次循环都发生同样的变革，即高层建筑对低层建筑的全面替代。这种变化逐渐累积，导致城市景观面临由传统城市景观向现代城市景观的整体转变。又如苏州商业核心——观前街，在20世纪90年代后，随着经济水平的提高和商业投资主体的多元化，以大中型商厦为主题的购物中心日益增多。从观前地区来看，首先是工业品商场和食品商场建成，其高体量和新造型极大改变了当时低矮的城市景观。由于古城中有建筑高度的控制，新建商厦最大可能地占据基地，横向膨胀成笨重体型，构成了高密度的沿街立面。原先"沿街一层皮"式的传统线性模式被块状的大型商场插入所打断，向纵深发展，形成线面结合的模式[104]。在这种时代变迁引起的整体变革中，变化的速度和比例非常重要。当其超出控制或过度的时候，就可能引起负面的"反抗"；当它维持在较小的速度和比例中，与周边环境在空间和时间上具有连续性，能够实现协调和统一的时候，可能就是一种"正面"的反抗。

5.3.2 记忆：自上而下的稳定和保存

（1）"记忆"的概念辨析

"记忆"是指某一层次在受到强烈冲击后的创造性重组过程中，上一层次会对其产生很大的影响作用。例如，江苏苏州屡遭战火，但能够在原址上不断进行重建，与一般古代封建都城多舍弃原址不同。我们分析其原因，这是由于苏州的城市骨架——河道的重要作用。河道是城市经济发展和人民生活的主要命脉，经历战火后，河道基础犹存，只需稍加整修又可使用。于是，河道就成为苏州古城的文化景观核心结构，在道路、园林、建筑等较低层次的城市文化景观重组过程中，起到了关键性的控制和引领作用。

"记忆"的作用发生，首先需要下一层次的适应性循环处于重组过程中，也就是说，其低层次的文化景观受到了外在的扰动或者冲击。在此情况下，大尺度文化景观可能同样也经受着冲击。例如战争、地震、洪灾等，对整个城市文化景观形成了冲击和破坏。只是高层次的城市文化景观相对稳定，其承载破坏的能力相对较强，演变较为缓慢。在短时期进行观察，"记忆"的作用更多地表现为静态保存。当高层次的城市文化景观处于稳定的发展阶段，对低层次的"记忆"作用就越强；当高层次的城市文化景观本身处于强烈的受冲击或重组阶段，其"记忆"作用就相对减弱。

（2）"记忆"的作用方式和路径

"记忆"也主要有两种作用方式，一种是通过城市整体意象，引领小尺度文化景观建设发展；另一种是发挥城市景观骨架对小尺度文化景观的空间限定作用，使之在规划设计中配合高层次景观结构，如预留景观廊道和视点、控制建筑高度和朝向等（见表5-2）。

表5-2 城市文化景观多尺度嵌套模型中的"记忆"作用方式和路径

序号	"记忆"的作用方式	"记忆"的作用路径
1	城市整体意象的引领作用	使城市活动和建设符合城市整体基调
2	城市景观骨架的空间限定作用	使小尺度文化景观建设参照景观骨架

①城市整体意象的引领作用

此类"记忆"主要依靠地标、门户节点等核心景观为城市整体意象奠定基调，使城市活动和建设符合城市整体意象，实现高层次文化景观对低层次文化景观的控制和引领作用。例如伦敦泰晤士河南岸的Coin Street片区（见图5-14），该片区原本是工业片区，具有时代建筑特色的工业建筑因为年久失修、长期弃置而损坏。这一时期，三座历史悠久的地方教堂支撑了社区文化生活，历经两次世界大战破坏后不断修复，时至今日依旧是社区公共生活的空间载体[105]。将这一片区视作中尺度城市文化景观，三座教堂就是其中的核心结构，在面对城市化发展的扰动时，这三座教堂相比于其他工业建筑更能够抵御外界的冲击，并维护片区的景观结构和文化生活。

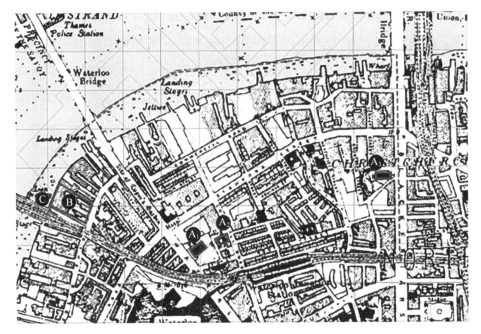

图5-14　20世纪40年代 Coin Street 片区及其文化空间示意

资料来源：张琳捷，王树声，高元. 旧城更新视角下的城市文化空间建设经验及其启示——以伦敦南岸 Coin Street 片区为例 ［J］. 工业建筑，2022，52（3）：1-10.

二战后，伦敦建设将精神文化塑造放在首位，制定国家政策，通过文化大事件带动国家大型文化设施建设，包括"皇家节日大厅"、南岸艺术中心、国家剧院等。近年来，伦敦将南岸划为中央活动区，将空置工业厂房的建筑和文物特质、相对低廉的租金和灵活的空间，视作孕育"新经济"创业企业的场所。随着片区整体意象的更新，更多的文化保护和建设项目被吸引过来，Coin Street 片区的文化景观逐渐复苏，形成与工业时期有所不同、前后又有效承接的多元文化景观。

②城市景观骨架的空间限定作用

此类"记忆"是以城市景观骨架为框架，为低层次文化景观的规划和建设提供限定条件。例如杭州西湖，作为世界文化遗产，同样也是杭州的核心文化景观。在《杭州西湖文化景观保护管理规划》中明确提出：保护和保持"三面云山一面城"空间环境，保持西湖南、西、北三向自然山水的组成要素、空间环境和历史规模的真实性与完整性，保持东向城市沿湖景观与自然山水的和谐关系；明确湖东城市建筑立面的建设控制要求（含高度、色彩和体量），加强控制与管理；严格保护与吴山、宝石山在天际轮廓线上的协调过渡关系。有研究者从西湖文化景观观赏的角度出发，对城市建设提出建筑高度分区控制与管理、建筑单体形态调整与指导、滨水界面的景观补充等多项策略[106]。这些策略大多作用在小尺度城市文化景观上，充分体现了高层次文化景观对低层次文化景观的限定作用。

5.4 多尺度嵌套的城市文化景观规划策略

5.4.1 针对不同尺度制定差异化的规划策略

由于不同尺度的城市文化景观处于不同层次的适应性循环中，其组织构成、演进速度等都有较大的不同。因此，应当针对不同尺度采取差异化的城市文化景观规划策略。在街道和地块的小尺度上，文化景观演进快速，应当注重结合地域特点，激发并保存正向发展，同时也要控制创新的速度和方向。在城市片区的中尺度上，文化景观演进速率中等。作为小尺度和大尺度的中间环节，这一尺度的文化景观应当起到承上启下的作用，实现片区内部要素的合理组织、与周边城市片区的互补、与城市整体景观的协调统一。在城市的大尺度上，城市文化景观演进缓慢，有较强的控制和引领作用，因此要注重对城市整体意象的提炼和对整体骨架的塑造，对城市文化景观作集中化、精华性的展现。

5.4.2 制定多尺度协同的文化景观规划策略

由于城市文化景观是多尺度嵌套的复杂适应性系统，因此任一尺度都会对城市整体文化景观产生影响。在制定规划策略时，应当考虑到跨尺度的相互作用，而非就小尺度论小尺度、就大尺度论大尺度。应当充分发挥多尺度协同作用，一方面，利用小尺度文化景观易于创新的特点，识别关键节点进行更新改善，以小带大，促进文化景观整体优化；另一方面，利用大尺度文化景观的稳定和引领作用，集中强化核心节点，吸引相似规划建设项目集聚，控制小尺度文化景观建设行为。

要因时制宜地平衡小尺度的创新作用和大尺度的稳定作用，当城市文化景观整体暴露于外在冲击中时，应当更多地利用大尺度的稳定作用；当城市文化景观发展已陷入僵化的时候，应当关注小尺度的创新作用，在循环往复中强化城市文化景观的韧性。

5.4.3 完善、强化不同尺度之间的沟通渠道

虽然城市文化景观具有跨尺度的相互作用，但是其作用路径相对单一，主要有自发演变和规划设计两类。因此，要充分发挥城市文化景观的多尺度协同作用，应当增强多尺度之间的沟通渠道，加强尺度的相互联结。在物质空间上，应当通过景观轴线、视线廊道等要素将大尺度文化景观与中小尺度文化景观联系起来，形成协调统一的城市文化景观整体；在非物质空间层面，应当加强规划设计者和居民的沟通协作，使自上而下的规划设计和自下而上的自发建设形成共识与合力，共同促进城市文化景观向更好的方向稳步发展。

第6章 多尺度城市文化景观规划设计实践

城市文化景观塑造是城市规划与建设领域的重要问题。20世纪80年代初，国内学者就开始研究发达国家城市景观特色规划建设的经验[107,108]，探讨了北京、西安等城市文化景观的保护规划问题[109,110]，此后开展了大量关于城市文化景观塑造的理论研究和规划实践[111,112]。近年来，在高质量发展的导向下，我国城市景观特色的延续和塑造被提到了更加重要的位置，并广泛开展了"城市修补"的规划建设工作。2021年8月，住房和城乡建设部发布《关于在实施城市更新行动中防止大拆大建问题的通知》，使城市景观特色的精准治理与提升成为新的重要课题。

6.1 文化景观相关研究

目前我国关于文化景观的研究可分为理论研究和规划实践两个方面。

在理论研究方面，20世纪80年代开始关注城市文化景观。一方面，部分学者研究发达国家文化景观保护的经验，如韩骥[107]总结了日本京都、奈良等城市在古都文化景观保存中的规划、建设、管理方面的经验，钟英[113]梳理了瑞典斯德哥尔摩市在城市发展不同时期的城市文化景观保护的做法。另一方面，也有学者探讨了我国城市文化景观建设的思路和途径，如侯仁之[109]认为社会主义新时代的首都北京应该塑造既有自己历史文化特色，又足以显示出社会主义新时代的城市文化景观。吴祖宜[110]在概述西安的古都文化景观基础上，提出了要从城市格局、自然生态环境与景观、建筑风格与建筑景观等方面进行保护的观点。进入21世纪以来，张剑涛等学者进一步从城市形态学[114]、系统论[115]、景观规划原理[116]、类型学[117]、传播学[118]等多样化的视角研究城市文化景观的定义内涵、系统构成，形成了丰富的研究成果。

在规划实践方面，我国最早于20世纪90年代在上海、天津、青岛等城市开展城市风貌专题研究和规划，并逐步向全国推广。其间，李慧敏等提出了基于城市历史文化景观[119]、关联性遗产保护[120]、层积认识[19]和城市双修[121]的城市历史文化景观保护策略。经过不断的规划实践，我国逐步形成了以城市空间格局为基础，"宏观定结构、中观找载体、微观重实施"的多尺度相衔接的城市文化景观规划研究体系[122]，但是，城市文化景观以宏观结构的逐层落实为空间组织逻辑，忽视了不同尺度下城市文化景观在形成机制、特征属性等方面的差异性，缺乏针对性的空间组织策略，难以精准有效塑造和展示城市文化景观。

场景理论作为城市文化景观研究的重要理论工具，为我国城市文化景观的精准修复与提升提供了重要的理论基础和方法指导。场景理论指出，一个场景应该至少包含社区尺度的物理空间、建筑实体、多样性人群、特色活动和以上元素共同孕育的文化价值这5个要素[123]，这些要素共同塑造和展示城市在地性的文化景观。场景理论基于人的活动和在地性文化景观要素的城市空间认识，为理解和塑造城市文化景观提供了重要的视角和方法。但将场景理论的"社区尺度"扩张到"城市尺度"，场景的构成要素及其文化景观特征不是简单"放大"，即场景与城市文化景观的形成具有显著的尺度效应。目前，国外学者主要从经济发展和社会影响的角度探讨场景对于特定人群在城市中的集聚和消费行为的影响[124-127]，国内学者则更加聚焦于特定场景的评价和分析[128-132]，从多尺度场景塑造的视角研究城市文化景观营造的学者还较少。

综上，经过长期的理论研究和规划实践，我国已经形成基于既有的理论和方法，从中观、微观逐层分解落实宏观文化景观结构的城市文化景观营造体系，形成了丰富的研究和实践成果。与此同时，由于不同尺度下城市文化景观塑造缺乏针对性的空间组织策略，难以精准、有效地塑造和展示城市文化景观。场景理论基于人的活动和在地性文化景观的城市空间认识，为认识、塑造和提升城市文化景观提供了重要的理论工具和方法，但其单一小尺度的空间限定，需要进行进一步的适应性完善。

6.2 多尺度城市文化景观及规划策略

6.2.1 城市文化景观的多尺度构成

不同尺度的城市空间承载人差异化的活动，正是这个"承载"的功能赋予城市空间成为场景的可能性。一般而言，人在大尺度空间的活动是快速的、流动性的，需要对城市特色有宏观的认知和把握。与之相对应的城市文化景观应是区域性文化特色及要素的集成化的呈现。人在小尺度空间的活动是较为缓慢但更为深入的，需要对城市特色有更为深入的了解和感受，因此需要基于特定的文化景观进行整体性、系统性的表达。城市文化景观体系是不同尺度文化景观复合叠加形成的，从而展现丰满生动的城市整体形象。因此，根据场景理论，基于人的活动的城市认知视角，城市中的场景可以划分为：城市尺度下，人们主要进行快速、流动性活动的城市整体场景；以及城市片区尺度下，人们主要进行缓慢、深层次活动的城市片区场景。

在地性文化景观塑造是城市文化景观塑造的重要内容和实现路径。同时，在地性文化景观基于不同的空间尺度也具有差异化的表现内容和空间分布特征，即"在地性"具有空间的相对性特征。当从全国乃至全球的宏观视角观察城市文化景观时，城市被视为一个不可分的点状空间单元，其"在地性文化景观"则为区域代表性文化景观的集中呈现，主要塑造和展现典型的区域性文化景观，分布于人们进行快速流动的活动空间——全国、全球"区域对话"的城市空间。当从城市本体的视角观察城市特色风貌时，城市则被视为面状的空间区域，在地性文化景观则为基于城市内特定历史事件、文化遗迹、历史传统和城市发展形成的片区性的文化景观，主要面向缓慢但深入的交流活动，以此塑造多元的城市文化景观。

综合多尺度的城市场景和多维度的在地性文化景观特性，不同尺度的城市场景与文化景观的在地性表现存在对应关系，即城市整体场景与城市尺度在地性文化景观塑造相对应，城市片区场景与片区尺度的文化景观塑造相对应。因此，城市文化景观场景可分为城市尺度的，人们进行快速、流动性活动的，集中展现城市典型在地性的城市整体文化景观场景；以及城市片区尺度的，人们进行缓慢但深入交流活动的，体现城市多元在地性文化特色的城市片区文化景观场景（见图6-1）。

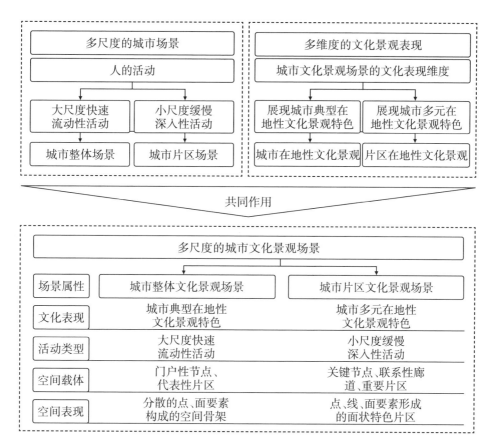

图6-1　多尺度城市文化景观场景构建技术路线

（1）城市整体尺度文化景观

城市整体尺度文化景观是基于城市尺度下人快速流动性的活动，针对性、高效性地塑造和展现城市典型在地性文化景观。城市整体文化景观由人主要发生城市尺度下快速流动活动的"区域对话"空间组成，包含机场、火车站、高速入城口等门户性节点和城市具有典型代表性的特色片区（见图6-2），集中展现城市尺度的典型在地性文化景观，使人们能在快速流动中对城市典型在地性文化景观特色产生全面认识。由于城市整体文化景观在空间上涵盖范围广，同时集中展示城市区域的典型文化景观，在空间上表现为城市文化景观的骨架，塑造整体统一的城市文

109

化景观体系。城市整体文化的塑造应以城市门户性节点、城市代表性片区等主要发生城市尺度下人快速流动活动的"区域对话"的空间的分析识别为基础，根据城市尺度的典型文化景观，进行针对性的文化景观空间布局和风貌展现。

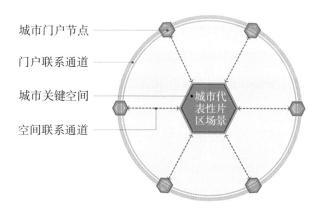

城市门户节点
门户联系通道
城市关键空间
空间联系通道

城市代表性片区场景

图6-2　城市整体文化景观空间组织模式示意

（2）城市片区尺度文化景观

城市片区文化景观基于城市片区尺度在城市生活的历史性积淀，展现城市不同片区独特的在地性文化景观。城市片区文化景观由多个基于不同历史事件、文化遗迹、历史传统和城市发展等在地性文化景观因素形成的城市片区场景组成（见图6-3），展现独具特色的片区在地性文化景观，使人们能够感受到城市文化的丰度。城市片区文化景观在空间上表现为面状的城市文化景观片区，展现基于特定历史事件、文化遗迹、历史传统和城市发展形成的片区在地性文化景观。城市片区文化景观的塑造，应以公共空间结构、历史文化传统等为基础，结合城市规划和发展建设现状（交通、水系、功能、绿地），划分城市片区场景和重要城市空间。同时，结合线性联系空间和空间节点的识别分析，进行针对性的文化景观要素布局和特色塑造，增强片区文化景观特色的整体性、真实性。

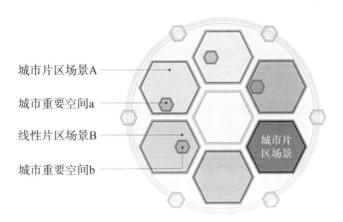

城市片区场景A

城市重要空间a

线性片区场景B

城市重要空间b

图6-3 城市片区文化景观空间组织模式示意

6.2.2 城市文化景观的规划策略

（1）构建统一且多元的城市文化景观系统

城市特色文化景观系统应既体现整体统一的城市典型在地性文化形象，又充分展现城市不同片区在地性文化景观特点。因此，在城市文化景观营造过程中，应根据城市场景复合的特点，营造城市整体文化景观场景和城市片区文化景观场景复合的城市文化景观场景，通过"分层构建，兼容并包，各有侧重"的构建思路，塑造统一且多元的城市文化景观（见图6-4）。

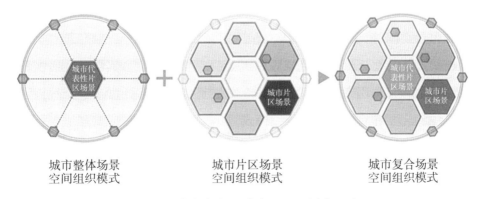

城市整体场景
空间组织模式

城市片区场景
空间组织模式

城市复合场景
空间组织模式

图6-4 城市复合场景空间组织模式示意

111

具体而言，城市整体文化景观应以城市尺度的在地性文化景观为主要表现内容，同时适当融入能够体现所在片区文化景观的元素；城市片区文化景观则需重点表达片区尺度的在地性文化景观，并适当兼顾城市典型在地性文化景观元素，从而系统全面地表达、强化城市文化景观特色。

（2）采取适应性的空间组织模式

由于不同城市文化景观场景的空间尺度、交流感知活动和在地性文化景观内容均存在差异，其在文化景观的空间表达上也呈现出差异化的组织特征。城市整体文化景观场景空间尺度较大，构成场景的区域性对话空间间隔远、空间联系较弱，人的活动速度快、流动性强，在地性文化景观的表现主要是城市区域的典型文化景观的集成展现。因此，城市整体文化景观场景的空间组织主要以点状（门户性节点）和面状（代表性片区）的区域对话空间的分析识别为基础，采取"大分散、小集中"的空间组织模式，在城市尺度分散分布区域对话空间，在节点尺度集中展现城市典型在地性特色文化景观。

城市片区文化景观场景空间上表现为面状的城市文化景观片区，空间尺度相对较小，要素间的联系较强，人的活动较为缓慢但更为深入，在地性文化景观主要反映片区基于特定文化景观要素形成的景观特色。因此，城市片区文化景观场景的塑造应基于片区关键节点、空间联系廊道和重要空间等点、线、面要素的识别，综合使用"点—轴"等空间组织模式，强化要素间的空间联系，营造具有整体性、真实性的片区文化景观。

（3）建立针对性的规划导控模式

根据不同城市文化景观场景文化表达目的的特殊性，采取针对性的规划导控模式。城市整体文化景观场景主要是在全国乃至全球对话场景中集中展现区域典型在地性文化景观，针对性、高效性地塑造和展示城市典型的文化景观。因此，通过在"区域对话"的关键空间（城市门户性节点和代表性片区）进行针对性的文化景观要素布局和主题导控，塑造和展现整体统一的城市文化景观（见图6-5）。城市片区文化景观场景则以展现城市多元的片区在地性文化景观为主要目标。因此，应以场景片区为单位，以片区在地性文化景观为基础，结合城市发展实际，进行针对性的文化景观要素布局和主题导控，形成体现片区文化特色的整体氛围（见图6-6）。城市中存在的诸如绿环带、河流廊道、重要交通空间等线性空间应分别以其"归属"的片区场景进行统一管控，实现多元化和在地性多场景文化氛围塑造，同时实现对线性空间的分段管控。

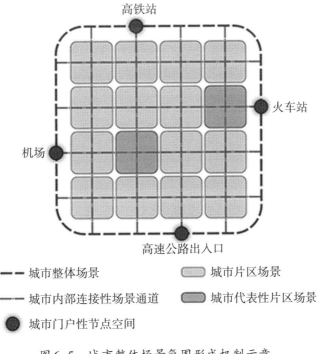

图6-5 城市整体场景氛围形成机制示意

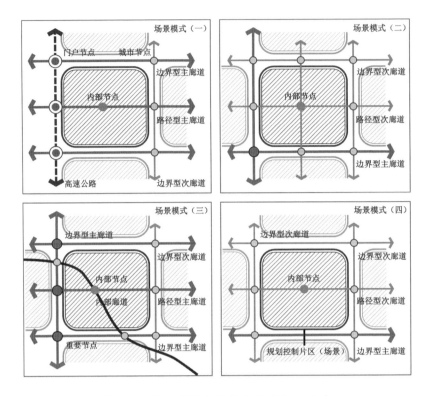

图6-6 城市片区场景氛围形成机制示意

6.3 郑州城市雕塑规划实践

6.3.1 基本概况

郑州是河南省省会、中原城市群核心城市、中部地区重要的国家中心城市，坐落于太行山系东南侧，北临黄河，形成"河—城—岳"的城市空间格局。作为唯一能全面体现华夏文明发祥地、黄河文化、中原文化的国家中心城市，郑州开始注重文化景观的整体塑造与提升，塑造与之国家中心城市地位相匹配的文化景观。城市雕塑作为城市文化景观的重要组成部分，其规划与建设是塑造和提升郑州文化景观重要且有效的手段。

我国的雕塑规划经过长期的规划实践，形成了"总规谋布局、片区定题材、节点重实施"的规划体系[133-136]，但如同城市文化景观营造的整体进程，我国雕塑规划大多仍停留于宏观规划结构的逐层落实，缺乏针对不同尺度文化景观表现特性的塑造策略，难以形成精准有效的城市文化景观表达体系。场景理论基于"人的活动"的视角，注重城市空间特征的识别和在地性文化景观的精准塑造，结合多尺度场景塑造策略，对于城市雕塑的科学规划、城市文化景观的有效提升，具有重要的指导意义和参考价值。

6.3.2　多尺度城市文化景观规划

（1）整体尺度文化景观规划

①总体思路

郑州市城市整体文化景观是在城市对全国、全球进行联系的城市尺度"对话空间"中集中塑造的，主要表现具有郑州市典型在地性的特色文化景观。因此，研究全面梳理了郑州城市文化要素，将其归纳为"华夏文明之源"等7个讲述城市发展文脉的代表性文化主题。同时，基于城市整体文化景观场景塑造的特点，根据区域性交通流量的计算，分析识别郑州市火车站、高速公路出入口等重点发生"区域对话"的门户性节点和代表性片区，进行针对性的雕塑空间布局和主题导控。

②文化景观要素的识别判定

运用层次分析法和多因子叠加分析，识别判定郑州雕塑适建空间（见图6-7）。在此基础上，根据郑州市相关规划和城市发展建设实际，综合运用交通热力图、交通流量分析和空间叠加分析等方法，分析识别城市门户性节点（见图6-8），并根据"在不同方向上均展示城市门户形象"的原则，结合现状调研，对城市门户性节点进行人工校正和补充完

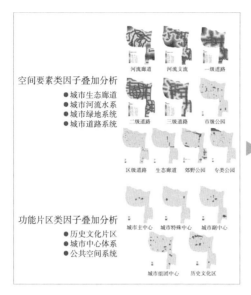

图6-7　郑州市雕塑适建空间分析判识

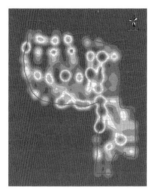
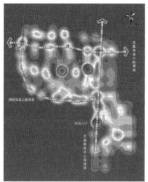

图6-8　郑州门户性节点初步分析识别

善，形成城市门户节点系统（见图6-9）。同时，利用百度搜索引擎进行城市意象和关键区域的大数据分析，通过数据清洗和空间落点识别出郑州市郑东新区等代表性片区，并根据郑州市的发展趋势、城市规划、建设实际，结合实地调研，从重要性、代表性、前瞻性出发，增补省级公共文化服务中心等4个代表性片区。

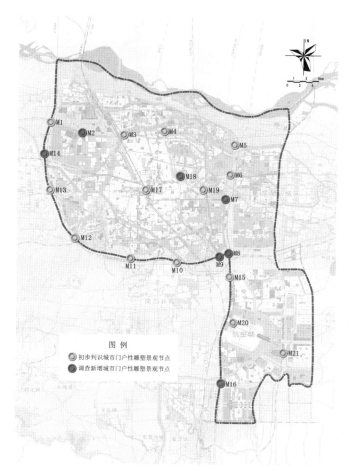

（高清图）

图6-9　郑州门户性节点空间分布示意

③文化景观要素的导控

根据郑州黄河文化等典型在地性文化景观主题，对郑州城市门户性节点和代表性场景片区雕塑建设提出刚性主题控制要求（见表6-1、图6-9），体现在地性文化景观的集成性和典型性，同时兼顾各节点所在片区氛围营造的需求，提出指导性的主题建议，以塑造统一、多元的城市文化特征。

表6-1　郑州市门户性节点主题导控示例

编号	相关分区	雕塑主题
M1	生态文化区（惠济片区）、科教文化区（高新片区）	门户型节点的雕塑主题应以黄河文化为主轴,体现文化景观的集成性、典型性。同时,兼顾各个门户节点所在地区的在地性文化特色,以塑造统一且多元的城市文化特征
M2	生态文化区（惠济片区）、科教文化区（高新片区）	
M3	生态文化区（惠济片区）、都市文化区（城北片区）	
……	……	

（2）片区尺度文化景观规划

①总体思路

城市片区文化景观主要基于人在小尺度缓慢、深入的活动展现郑州丰富、多元的片区在地性文化景观。基于片区文化景观场景塑造的特点,需综合分析梳理郑州市物质与非物质、历史传统与现代生活等在地性文化景观要素,划分确定郑州各场景片区,并在此基础上综合运用"点—轴"等要素空间组织方式塑造片区特色文化景观。

②片区场景的划定

对郑州市内非物质文化要素、文物保护单位、重大历史事件、主要文化设施等文化景观要素从空间上进行系统梳理,叠加郑州雕塑文化体系和雕塑建设现状,对接细分城市文化主题,将城市内部场景划分为8类37个城市文化景观场景片区（见图6-10）。

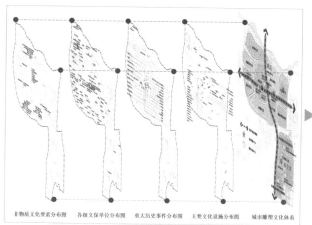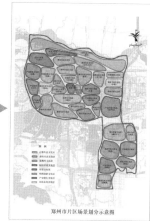

非物质文化要素分布图　各级文保单位分布图　重大历史事件分布图　主要文化设施分布图　城市雕塑文化体系

郑州市片区场景划分意图 （高清图）

图6-10　郑州城市片区场景划定推演

③文化景观要素的识别判定

在划定场景片区基础上，结合相关规划和城市雕塑适建空间分析结果，系统梳理片区内的文化要素、自然要素和交通要素，识别确定各场景片区雕塑建设的联系性廊道（见图6-11）、重要片区（见表6-2）和关键节点（见图6-12）。

表6-2　郑州市重要片区统计表示例

序号	片区名称
1	大运河文化片区
2	古荥文化片区
3	惠济都市生活片区
……	……

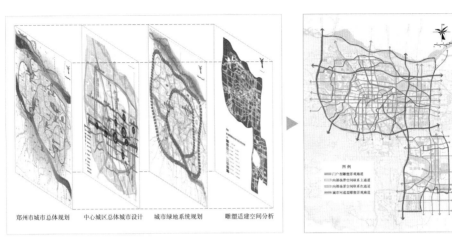

图6-11 郑州重要线性空间分析识别示意

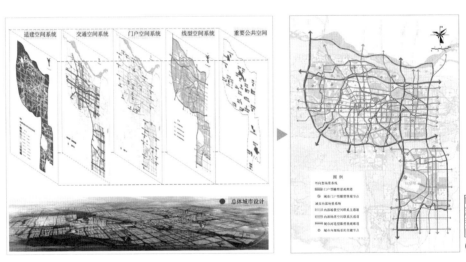

图6-12 郑州城市雕塑布局重要空间节点示意

④文化景观要素的导控

根据场景片区文化景观，确定雕塑建设主题，综合运用"点—线—面"等空间组织模式对片区内雕塑的类型和空间布局提出刚性控制要求，同时兼顾黄河文化等郑州代表性文化元素，提出指导性的建设建议（见表6-3、表6-4）。其中，廊道上的雕塑主题以其所属的场景片区所控

120

制的文化主题为依据和表现内容（见表6-5），进而强化城市片区文化景观，展现郑州多元的城市文化景观特色。

表6-3 郑州市雕塑规划分区主题导控示例

片区	雕塑主题
历史文化区 （二七—商城—省府）	核心主题：都城文化、街巷文化、古建文化、红色遗址、革命故事、建设故事
	宜用主题：饮食民俗、国家中心城市、城市精神、商贸活力、时尚生活
历史文化区 （苑陵）	核心主题：黄帝文化、都城文化、民俗传说、出土文物
	宜用主题：礼乐文化、神话传说、姓氏文化、博物馆藏
近现代文化区 （碧沙岗）	核心主题：歌颂烈士、红色遗址、革命故事、创新故事、创业精神、文创产品、文创产业、产业文化、近代工业文化
	宜用主题：科技前沿、建设故事、国际活动、现代名人、城市精神、杰出贡献、合作交流、共享成就、商贸活力、时尚生活、幸福故事、邻里亲情
……	……

表6-4 郑州城市重要片区雕塑规划主题导控示例

序号	重要片区	区位	主要相关要素	雕塑主题
1	大运河文化片区	位于历史文化区（大运河）	文化要素：大运河景观 河流廊道：大运河、索须河 道路廊道：四环（内部场景次通道）	核心主题：运河文化、河流文化、国家中心城市、城市精神、开放故事 宜用主题：礼乐文化、神话传说、民俗传说、特色物产、生态修复、突出成就、休闲产业

续表

序号	重要片区	区位	主要相关要素	雕塑主题
2	双湖科技城片区	位于产业特色文化区(高新)	公共服务区:高新片区中心(组团中心) 文化要素:杜寨遗址(历史要素)、水牛张氏祠堂(历史要素) 河流廊道:须水河	核心主题:产业文化、建设故事、创新故事、创业精神 宜用主题:现代名人、突出成就、杰出贡献、合作交流、共享成就、城市精神
3	西流湖公园	位于科教创新文化区、都市生活文化区、市民公共文化区、近现代文化区	文化要素:后仓关帝庙(历史要素)、保吉寨(历史要素) 河流廊道:贾鲁河 绿地:西流湖公园	核心主题:河流文化、湿地文化 宜用主题:城市精神、生态修复、幸福故事
……	……	……	……	……

表6-5　郑州市雕塑场景联系性廊道统计示例

廊道类型	序号	廊道名称	雕塑主题
一级廊道 (门户廊道)	1	连霍高速廊道	"廊道"为强化雕塑布局的线型空间,起到氛围烘托、场景联系的作用。廊道上的雕塑主题以其所属的"城市雕塑主题分区"的文化主题为依据和表现内容
	2	郑云—绕城—郑民高速廊道	
	3	京港澳高速廊道	
	4	机场高速廊道	
二级廊道 (主廊道)	1	科学大道—北三环廊道	
	2	农业路廊道	
	3	未来—黄河廊道	
	4	大学—金水—郑开廊道	
	5	郑上路廊道	
	6	中原大道廊道	
	……	……	

续表

廊道类型	序号	廊道名称	雕塑主题
三级廊道 （次廊道）	1	北四环廊道	"廊道"为强化雕塑布局的线型空间，起到氛围烘托、场景联系的作用。廊道上的雕塑主题以其所属的"城市雕塑主题分区"的文化主题为依据和表现内容
	2	三全路廊道	
	3	农业路廊道	
	4	黄河—嵩山廊道	
	5	陇海西段廊道	
	6	南三环东段廊道	
	……	……	

6.4 小 结

在城市高质量发展和提升现代治理能力的背景下，对城市文化景观的营造提出了精准治理的新要求，然而各地城市文化景观营造仍然停留于宏观文化景观结构的逐层落实，忽视了文化景观在不同尺度下差异化的形成机制和特征属性，缺乏针对性的空间组织策略，难以满足新时期城市精准治理的要求。本书根据韧性多尺度嵌套模型和场景理论，强调城市场景多尺度特征和文化景观多维度的特性，提出了基于多尺度场景塑造的城市文化景观修复与提升对策，既适应不同尺度城市文化景观表现特征，又形成了切实可行的规划研究方法。场景理论是指导城市文化建设的重要理论工具。实现场景理论的落地，对于科学营造统一多元的城市文化景观体系、展现城市风貌特色具有重要意义。

第7章 城市文化景观韧性评估体系研究——以大运河（拱墅段）为例

7.1 评价方法与目标

　　目前，城市文化景观韧性评估研究较少。而在更广义的文化景观评估中，董禹等[137]、周红等[138]采用文化基因的理论方法，选择某特定传统聚落为研究对象，建立了"物质—非物质"文化景观基因识别指标体系，提取了文化景观的组成要素。马育恒[139]通过层次分析法及专家打分法，以苏州平江历史街区的公共空间为研究对象，构建了韧性评价体系，对文化景观韧性评估研究起到了推进作用。在众多评价方法中，德尔菲法适用于参考资料不足，着眼于长期规划，影响评价因素繁多的情况[140]。但是德尔菲法受决策者主观影响较大[141]，可以将层次分析法与德尔菲法结合，以层次分析法进行系统分析，得到成体系的"目标层—准则层—指标层"评价模型，避免单一方法确定权重时的误差。

　　总体来看，对于城市文化景观的韧性研究主要有以下几个特点：首先，目前尚缺乏成熟的评估体系，少有相关研究可供参考；其次，城市文化景观韧性评价是为长远的规划建设提供参照数值和对策思路；最后，通过对城市文化景观、韧性理论相关文献的综述，结合上章中对城市文化景观韧性内涵和特质的解读，得出影响城市文化景观韧性的因素众多的结论。

7.2 评价思路

7.2.1 城市文化景观韧性内涵

韧性系统承受外部扰动时，主要经历三个阶段：首先是抵抗阶段，当外部扰动作用于韧性系统中，系统具有一定程度的维持核心功能和组织结构不变的能力，然而这一阶段会出现次要功能、次要组织受损；其次是适应阶段，在这一阶段韧性系统能够做出一些调整行为，目标仍是恢复至受损前的系统；最后是变革阶段，即韧性系统能够通过对前两阶段的学习、新的外部刺激，创造出新的功能和组织形式（见图7-1）。

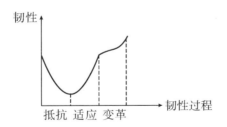

图7-1 韧性系统受扰动后的变化示意

城市文化景观的演化过程也具有上述的发展特征。作为城市风貌与文化特色的重要物质载体，在现代高强度、大规模的城市建设中，城市文化景观面临着景观破碎化、文化特质消退的危机。然而现代的城市建设并不仅仅是破坏性因素，在韧性的视角下，也是城市文化景观适应新的生活方式、人文需求，实现活态传承、历史文脉延续的刺激源。因此，城市文化景观韧性是其抵抗外部扰动、有序动态演进的重要内生机制。

（1）城市文化景观韧性过程：动态演进

城市文化景观是在自然环境和人为建设的长期相互适应下形成的，是典型的演进性复杂系统。以京杭大运河为例，运河两岸人文景观丰富，古代、近代、现当代都有历史遗迹留存，展现出清晰的历史文化脉络，其形成与发展和京杭大运河水利工程及运河航运功能的兴衰密不可分，是一个共同演化的结果。城市文化景观构成要素多样、结构复杂，本身具有一定的内生韧性，在受到外界影响时能够及时进行自我组织和调节，并建立新的平衡状态。

①相对缓慢的动态平衡状态

分析城市文化景观的形成与演变过程，可以发现其系统内部具有传承和演进两条反馈作用回路。在城市形成和发展的初期，城市文化景观在长期山水格局、人文历史的浸染下，形成相对固化的城市文化景观特质，能够抵抗并适应缓慢的生活方式与社会关系的变化，形成一个稳定更新的动态平衡系统（见图7-2）。

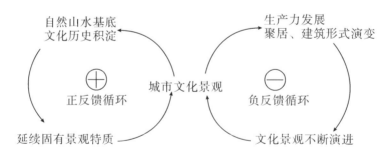

图7-2　相对缓慢的动态平衡状态

②外力扰动下的失衡状态

在同质化、高强度、快速增长的现代城市建设冲击下，负反馈增强，城市文化景观固有的平衡被打破。相当一部分现代城市景观具有模块化、复制性强的特点，作用方向与正反馈相反，城市文化景观呈现出面目模糊、支离破碎的失衡状态（见图7-3）。

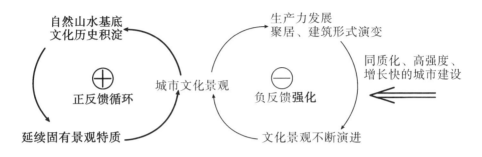

图7-3　外力扰动下的失衡状态

③韧性规划手段支撑系统内在平衡

针对外力扰动下的失衡状态，韧性规划跳出了就问题解决问题的固有思路，通过提升城市文化景观的整体性、连续性和渗透性，促进正反馈循环，使城市文化景观系统重新回到动态平衡的状态，保护城市文化景观的地方特色，同时适应快速变化的城市建设，实现城市文化景观现代背景下的活化传承（见图7-4）。

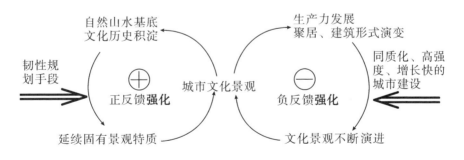

图7-4　韧性规划手段支撑内在平衡

（2）城市文化景观韧性空间特征：关联开放

城市文化景观的构成包括物质要素及非物质要素。其中，物质要素包括建筑物、风貌、形态以及空间关系等；非物质要素包括活动人群、公共活动、价值观念等。物质要素和文化要素共同塑造了文化景观的独特身份和价值。

传统的文化景观评估，往往将文化景观进行拆分，并对各个物质要素进行独立的历史、美学等价值评价，而忽略了物质要素之间的关系。韧性理论强调文化景观物质要素的内在关联和相互作用。在这种整体性、关联性的视角下，纵向而言，对城市文化景观形成过程、发展历程的研究使其不再作为一个静止的片段；横向而言，对于城市文化景观的自然要素、人工建成环境进行系统性研究，将城市文化景观片段视为一个整体，从景观格局的高度认识城市文化景观的内在关联性，是保护城市文化景观的核心特质和感知氛围的必要基础。

韧性理论也认为城市文化景观是开放的，不断与外界发生交流与交换，因此其物理边界往往比较模糊，内部的结构性特征也会在发展过程中发生改变[23]。城市文化景观是演进性的系统，外界的扰动是城市文化景观循环上升的刺激和机遇，在城市文化景观的韧性保护中，对于外界扰动并不是简单的刚性抵抗，也包含着对于外界扰动的适应，以及基于外界扰动基础上的变革和创新。

城市文化景观在时间上表现出有序演进，在空间上表现为关联与开放。两者实际上是高度统一的。城市文化景观要素之间有紧密的关联与组织关系，才能够在时间变迁中，始终保持核心的景观特质；城市文化景观保持对外的开放，不断接受新的建设形式，才能够完整地体现城市文化景观真实的历史脉络，体现城市文化景观不断演进的特性。

7.2.2 提炼阶段性核心能力

在明晰城市文化景观韧性内涵的基础上，本节从韧性系统的恢复、适应、变革的作用过程出发，提炼每阶段城市文化景观的核心韧性特征，为城市文化景观评估指标体系建立确立基础（见图7-5）。

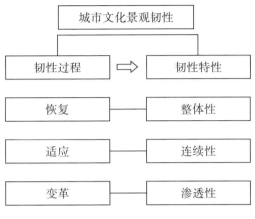

图7-5　文化景观韧性内涵与特征

（1）整体性

1975年《阿姆斯特丹宣言》中初次提出文化景观的整体性特征，并明确了其两个层次的内涵：首先，在物质层面，遗产保护的内容不仅限于建筑单体本身，还包括与其相关的周边环境；其次，在非物质层面，建筑遗产保护不仅要关注物质价值，也要考虑相关的历史、文化、美学价值[142]。

整体性概念的提出，在物质和非物质层面，均扩大了遗产保护的范畴。城市文化景观不同于历史街区、历史地段等之处就在于，前者是人为建设与自然要素长期相互作用中形成的适应性景观。然而，在城市文化景观的保护中，往往只关注人工建成的构筑物、地段，而忽略了与人工建成环境息息相关的自然要素与人文历史积淀。城市文化景观的韧性并非来源于传统建构筑物、标志物，而是整体景观格局与文化底蕴，只有在整体性的视角下，城市文化景观才能够在快速高强度的扰动下，不断恢复、适应，甚至主动寻求创新与变革。

（2）连续性

城市文化景观要素之间的结构关系同样对韧性有重要影响。一方面，城市文化景观的韧性不仅指抵抗外部扰动、维持核心特质的能力，也包括适应转型的能力，不加分辨地完整保护城市文化景观所有物质要素，只会削弱城市文化景观的应变能力；另一方面，良好的结构控制，能够最大程度地保护城市文化景观的场所精神和连续空间感受。

相关学者已经认识到要素关联性在遗产保护中的重要性，陈卉等[143]针对"孤岛式"历史地段保护问题，提出了基于关联性的整体评估方法，评估包括历史性、完整性和可塑性三项内容。兰伟杰等[144]从层积视角、关联视角，提出保留层积后的真实遗产、保护遗产的关联性要素、积极更新促进城市提质等规划措施。喻雪[145]提出，现有文化景观保护实践中，存在符号化简单堆砌的现象，使公众参观时缺乏连续性，总是看到场地中的历史文脉被割裂开来。

从场景理论来看，连续性不仅仅指文化景观的空间延伸，也包括了人的行为，即静止观赏、动态游览以及其他参与式行为的连续性。连续性也包括时间维度上的连续性，即能够相对完整地体现城市文化景观的历史文化脉络，对各个时期的遗存，均应当客观看待并予以合理保护，不应试图恢复至某一个特定时期的历史风貌。真实是特定地域历史过程的层积结果。

（3）渗透性

渗透性是指城市文化景观与周边城市片区的融合与联系[146]。城市文化景观与周边城市片区存在较大的异质性，但作为自组织系统，其与外界发生的能量、信息、人口等交换是城市文化景观不断演进的动力。

渗透性在空间上体现为缓冲区和交通通道。城市文化景观是动态演进的系统，其空间边界往往是模糊、不断变化着的。在城市文化景观周边，已有规划通常设置一定宽度的缓冲区，并对缓冲区进行风貌、用地功能、空间肌理等限制，严格程度略次于城市文化景观内部。出于管理的可行性，当前规划往往为城市文化景观及周边缓冲区设定明确的边界，一方面，对城市文化景观接受外界刺激、灵活转化的能力造成阻碍；另一方面，由于管理方式较刚性，增大了管理难度，反而使得部分地区的缓冲区各项控制形同虚设。

渗透性包括文化景观对外的文化、形态输出，如周边形成尺度、风貌、空间肌理相似的商业街区；也包括外部城市片区对文化景观的输入，如新的功能类型、城市建设等；还包括城市文化景观与外部片区在多层次交通、空间肌理、景观风貌等方面的逐步演变，而非全然割裂。

7.3 评价指标与指标权重确定

7.3.1 准则层确定

本评价体系以延续城市文化景观核心特质，促进其有序、动态演进为总目标。从时间维度看，将外在扰动作用于城市文化景观的时间作为初始节点，韧性又可以表述为受扰动后的快速恢复、灵活适应和变革创新三种阶段性能力。基于本书上节中对城市文化景观韧性阶段性核心能力的研究，本节中评价准则层构建是从城市文化景观的三个韧性特性出发，即整体性、连续性和渗透性。

7.3.2 具体指标确定

在具体指标的选择中，主要遵循以下步骤：首先，基于既有较成熟的历史性城市景观、历史地段、历史文化街区评价指标体系进行研究，初步摘取、罗列指标，一定程度上保证指标实操可行性和代表性；其次，基于城市文化景观韧性及特性的内涵，选取相关指标并明确相关指标与评价目标和准则的关系（见表7-1）。

表7-1　城市文化景观韧性评价指标

目标层	准则层	指标
A1 整体性	B1 风貌协调性	C1 形态协调性
		C2 体量高度协调性
		C3 空间肌理协调性
	B2 历史连贯性	C4 历史层积完整性
		C5 不同历史时期风貌比例
A2 连续性	B3 景观连续性	C6 观赏路径连通性
		C7 景观要素连续分布
	B4 视觉连续性	C8 观景点视线廊道通透性
		C9 视线仰角
	B5 重要历史结构	C10 重要历史结构保留
A3 渗透性	B6 对外交通衔接	C11 车行可达性
		C12 慢行系统对外衔接性
	B7 文化景观边界	C13 缓冲区风貌控制
		C14 缓冲区边界划分合理性

各项指标详细解释如下。

C1 形态协调性：指文化景观与周边的建构筑物具有大体相似、局部变化、整体协调的色彩、材质、形式。

C2 体量高度协调性：指文化景观内与周边的各个建筑在高度、体量等方面是相似、逐步过渡的。即使体量、高度相差太大，也通过立面分隔、材质、绿化等手段弱化与其他建筑的差距。

C3 空间肌理协调性：指文化景观与周边的街巷尺度、街坊尺度、建筑密度等相对统一，具有连续、有层次的公共空间系统。

C4 历史层积完整性：指涵盖不同历史时期的城市文化景观真实信

息。这一指标，首先，需要针对该文化景观具体情况，提取与其历史发展契合的重要时间阶段。其次，将文化景观物质要素按照历史价值代表的时间阶段进行分类。最后，对文化景观是否体现所有重要时间阶段、时间阶段间是否具有联系和传承、每一时间阶段是否能成系统进行评价。

C5 不同历史时期风貌比例：按照建筑风貌、空间肌理等对街区进行分类，按岸线长度或街区面积进行统计，最后计算不同时期的比例。比例悬殊，则历史连贯性较差（见图7-6）。

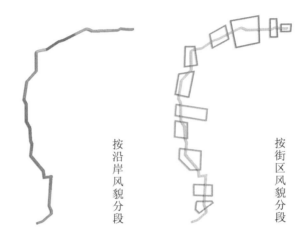

图7-6　不同历史时期风貌地段示意

C6 观赏路径连通性：慢行步道、客运航线等观赏路径是串接文化景观内部不同片区、场景的重要线索，这些路径的连通性对文化景观系统内部关联的紧密程度具有重要影响。

C7 景观要素连续分布：文化景观内部要素，如京杭大运河（拱墅段）的桥西历史文化街区、小河直街历史文化街区、富义仓、大兜路历史文化街区等，被现代城市景观、居住景观等高强度建设分隔，在空间上呈现出不连续性。王云才[147]采用的景观要素孤岛化指数，主要选取景观核心区与其外围的区域进行传统景观异质性的比较，以衡量景观孤岛化的程度。

C8 观景点视线廊道通透性：选择重要观景点和视廊方向，在视线廊道内的建筑高度、建筑面宽、建筑排布都会影响到视线廊道的通透性（见图7-7）。

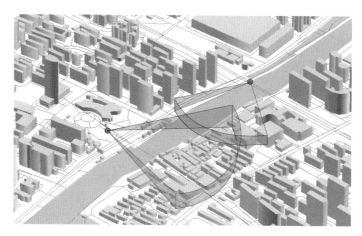

图 7-7　视线廊道示意

C9 视线仰角：指周边片区建筑高度与该建筑和城市文化景观内部观赏者的水平距离之比。周边片区的视线仰角不宜过高（见图7-8）。

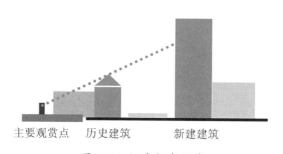

图 7-8　视线仰角示意

资料来源：杭州滨江区人大常委会.杭州大运河世界文化遗产保护规划报批稿 [EB/OL]. (2017-04) [2021-09-19]. https://max. book118. com/html/2019/0131/5223103304002004.shtm.

C10 重要历史结构保留：重要历史结构包括文化景观的传统轴线、序列空间、关键要素的位置关系、高度关系等。重要历史结构的保留可以帮助保持原有文化景观的核心特征与氛围。

C11 车行可达性：文化景观的车行可达性与周边道路等级、道路密度、交通站点分布相关，可以通过空间句法中的集成度进行量化分析。

C12 慢行系统对外衔接性：慢行系统包括步行道、自行车道等，该指标指文化景观的慢行系统与周边城市片区的衔接与联系，可以通过对外连接节点数量进行量化。

C13 缓冲区风貌控制：缓冲区是为控制周边建设压力，保护文化景观与周边城市片区风貌协调的目的而划定的区域。该指标主要评价缓冲区的建筑高度、体量以及形态等与文化景观是否协调、是否具有有序的渐变过渡。

C14 缓冲区边界划分合理性：缓冲区的边界划分需要灵活动态，也需要结合周边城市片区情况、文化景观要素的类型和平面形态，进行特异化的处理。

7.3.3 指标权重确定

运用层次分析法，结合德尔菲法确定各级评价指标权重。

（1）建立比较判断矩阵

比较判断矩阵反映两两因素之间相对重要性的关系。向专家发放调查问卷，专家对准则层的重要性进行两两比较，得到准则层在目标层中的比例权重。同理，指标层也是如此，得到式（a）：

$$A = \begin{bmatrix} 1 & a_{12} & \cdots & a_{1n} \\ a_{21} & 1 & \cdots & a_{2n} \\ \vdots & \vdots & \ddots & \vdots \\ a_{n1} & a_{n2} & \cdots & 1 \end{bmatrix} \tag{a}$$

式中 a_{ij} 为同一指标层内第 i 个指标与第 j 个指标相比的重要程度，即标度，并且 $a_{ij}=1/a_{ji}$。标度通常采用"1-9"的标度赋值法，其含义见表

7-2。在专家评分结束后，对获得的数据进行平均处理，以期结果更具有客观性和说服力。

表7-2　矩阵标度含义

标度	指标
1	两个指标相比,二者同等重要
3	两个指标相比,前者较为重要
5	两个指标相比,前者明显重要
7	两个指标相比,前者特别重要
9	两个指标相比,前者强烈重要
2,4,6,8	重要程度介于两者之间

（2）规范列平均法计算权重

对矩阵A的列向量进行归一化处理得到矩阵B，归一化公式为：

$$b_{ij} = \frac{a_{ij}}{\sum_{i=1}^{n} a_{ij}}, j = 1, 2, \cdots, n \qquad (b)$$

计算矩阵B中每一行元素的平均值得到矩阵C，其公式为：

$$c_i = \frac{\sum_{j=1}^{n} b_{ij}}{n} \qquad (c)$$

构造矩阵C=$[c_1, c_2 \cdots, c_a]$，矩阵C中各个元素即为该层各指标的权重系数。

通过上述步骤得到韧性评价指标层级结构及其权重表（见表7-3）。

表7-3　城市文化景观韧性评价指标体系权重

目标层	准则层	指标
A1整体性 Q1=0.45	B1 风貌协调性 Q11=0.2410	C1 形态协调性 Q111=0.0987
		C2 体量高度协调性 Q112=0.0674
		C3 空间肌理协调性 Q113=0.0748

目标层	准则层	指标
A1 整体性 Q1=0.45	B2 历史连贯性 Q12=0.2090	C4 历史层积完整性 Q121=0.1568
		C5 不同历史时期风貌比例 Q122=0.0523
A2 连续性 Q2=0.38	B3 景观连续性 Q13=0.0723	C6 观赏路径连通性 Q131=0.0550
		C7 景观要素连续分布 Q132=0.0173
	B4 视觉连续性 Q14=0.1001	C8 观景点视线廊道通透性 Q141=0.0761
		C9 视线仰角 Q142=0.0240
	B5 重要历史结构 Q15=0.2075	C10 重要历史结构保留 Q151=0.2835
A3 渗透性 Q3=0.17	B6 对外交通衔接 Q16=0.1139	C11 车行可达性 Q161=0.0399
		C12 慢行系统对外衔接性 Q162=0.0740
	B7 文化景观边界 Q17=0.0561	C13 缓冲区风貌控制 Q171=0.0393
		C14 缓冲区边界划分合理性 Q172=0.0168

其中，在准则层维度，重要历史结构、风貌协调性、历史层积性所占比重较高，均在20%以上。在指标层维度，重要历史结构的保留、形态协调性和历史层积完整性的重要性较为突出，单个指标的权重比例均大于9%。与之相反，缓冲区边界划分合理性、景观要素孤岛化指数、两岸视线夹角的权重比例均小于3%。

7.4 城市文化景观韧性评估实例

7.4.1 京杭大运河（拱墅段）概况

（1）京杭大运河（拱墅段）现状

京杭大运河（拱墅段）是杭州历史的重要载体和文脉的重要体现，以自然水系为线索，串联了大量的历史资源和文化资源，是典型的城市文化景观。如今，京杭大运河的运输功能、生产功能逐渐弱化，其氛围特质向现代化、休闲化转型。厚重的历史文化资源需要活化和传承，希望能呈现古今交融的活力新格局。

京杭大运河（拱墅段）是京杭大运河的南端起始节点，也是京杭大运河与浙东运河的连接枢纽，在漕运、历史、文化等方面都具有重要的价值。京杭大运河（拱墅段）与杭州城市建设与发展息息相关，现存历史遗产丰富，同时具有自然景观和人文景观的属性，是典型的城市文化景观。京杭大运河（拱墅段）的构成要素包括河道、水工设施遗存以及其他相关历史遗存。其中，水工设施包括桥、码头、水闸遗址等，相关历史遗存包括历史街区、寺庙等古建筑、具有历史文化价值的厂房旧址等。

（2）京杭大运河（拱墅段）相关保护规划

京杭大运河（拱墅段）的保护与管理经历了几个阶段。首先是申遗前期研究阶段，分别有《大运河（杭州段）遗产保护规划（2009）》和《大运河（杭州段）遗产保护规划（2012—2030）》，这两项规划重点研究了京杭大运河（杭州段）的保护对象和价值。其次是申遗成果编制阶段，2013年从国家层面划分了大运河遗产区，明确了具体遗产要素，也阐明了中国大运河的突出普遍价值。目前是申遗成功后长效管理阶段，已有《杭州市大运河世界文化遗产保护规划（2017）》且编制结束，对京杭大运河（杭州段）提出具体管理规划措施，并与其他相关规划进行衔接和调整。

（3）选取研究范围

考虑到京杭大运河（拱墅段）的文化景观要素密度、建成情况，以及研究能力与时间的限制，本书选择城市中观尺度的京杭大运河拱墅段进行研究，北至石祥路，南起武林门客运码头，全长7公里，沿运河向外拓展300米作为研究范围（见图7-9）。

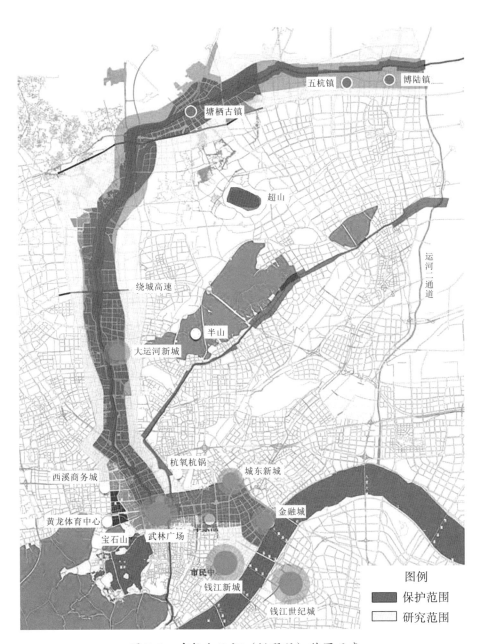

图7-9 京杭大运河（拱墅段）范围示意

（高清图）

139

7.4.2 现状调研与调查问卷

（1）调查对象分析

研究发放了129份问卷，全部回收，其中有效问卷120份。在有效问卷中，从事建筑、规划等相关行业者或学生占24.4%，普通游客占75.6%（见图7-10）。曾参观京杭大运河（拱墅段）或周边景点1～2次、2～5次占绝大多数，填写比例分别为39.8%和36.6%（见图7-11）。

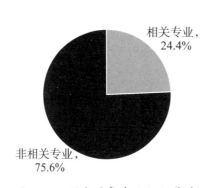

图7-10　调查对象专业知识能力
统计

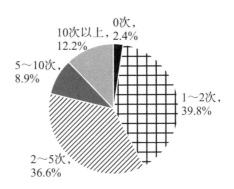

图7-11　参观京杭大运河（拱墅段）
次数统计

（2）京杭大运河（拱墅段）城市文化景观韧性总体评价

汇总打分并乘以权重，得到京杭大运河（拱墅段）城市文化景观韧性总得分为3.68（5分制），折合为73.6分（100分制）。其韧性水平仍存在较大的提升空间。

从目标层来看，"A1整体性"得分为3.64，"A2连续性"得分为3.75，"A3"渗透性得分为3.64，三种韧性特性得分差距不大，均处于中上，但仍有优化空间（见图7-12）。

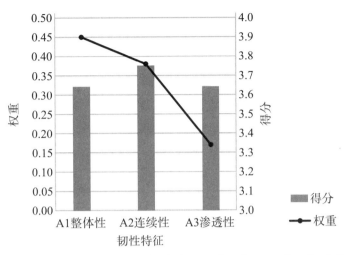

图7-12 京杭大运河（拱墅段）城市文化景观韧性评价目标层得分

（3）京杭大运河（拱墅段）城市文化景观韧性准则层评价

①整体性分析

整体性目标下，准则层"B1风貌整体性"的三个指标"形态协调性""体量高度协调性""空间肌理协调性"得分分别为4.03、3.79、3.79（见图7-13），指标得分结合相应的指标权重（见表7-3）加权求和，可得到"B1风貌整体性"得分为3.89；同理，可得到"B2历史层积性"得分为3.36。可见，京杭大运河（拱墅段）城市文化景观具有较高的风貌整体性，可以继续保持。但在对历史文脉的挖掘、提炼和表达上仍存在缺陷。

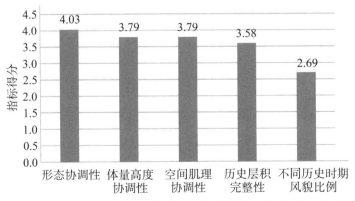

图7-13 京杭大运河（拱墅段）城市文化景观整体性评价结果

②连续性分析

连续性目标下，准则层"B3景观连续性"的两个指标"观赏路径连通性""景观要素连续分布"得分分别为3.62、2.82（见图7-14），指标得分结合相应的指标权重（见表7-3）加权求和，可得到"B3景观连续性"得分为3.42；同理，可得到"B4视觉连续性"得分为3.51；"B5重要历史结构"得分为3.91。可见，京杭大运河（拱墅段）的内部可达性和视线连续性还需要加强。

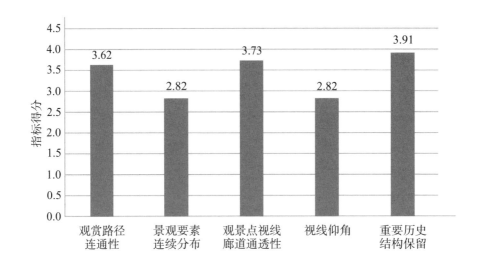

图7-14　京杭大运河（拱墅段）城市文化景观连续性评价结果

③渗透性分析

渗透性目标下，准则层"B6对外交通衔接"的两个指标"车行可达性""慢行步道可达性"得分分别为3.59、3.78（见图7-15），指标得分结合相应的指标权重（见表7-3）加权求和，可得到"B6对外交通衔接"得分为3.71；同理，可得到"B7文化景观边界"得分为3.36。可见，渗透性方面，文化景观边界仍存在较大不足。

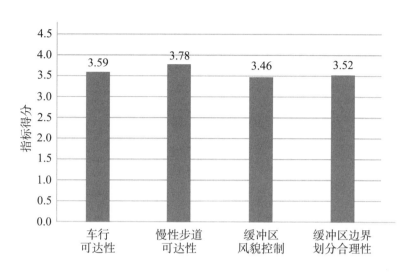

图 7-15 京杭大运河（拱墅段）城市文化景观渗透性评价结果

7.4.3 文化景观韧性过程分析

（1）外在扰动

京杭大运河（拱墅段）作为城市文化景观，面临着多重外在扰动，如城市化进程中同质化、高强度、快速的城市建设，新兴生活方式导致的原有功能、空间结构弱化，城市发展重心的转移等等。其中，高强度的城市建设对城市文化景观的作用力最大、最迅速。

（2）扰动后的城市文化景观状态

①连续性：景观结构破碎

城市的高强度建设已经抹去了部分运河文化景观要素，使现有的文化景观空间结构呈现出不连续、不完整的特点（见图7-16）。

一方面，由于高层住宅用地大量铺开，在文化景观要素间起连接作用的滨河绿地狭长，其沟通能力减弱；即使有滨河绿道联系各个节点，形成串珠式空间结构，但高强度建设往往阻碍了节点之间的视线交流和空间氛围的延续。另一方面，现有运河文化景观单边发展，少有两岸的互动，削弱了运河文化景观本应具有的鱼骨状空间结构。

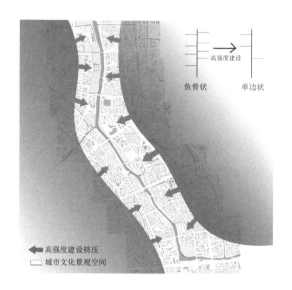

（高清图）

图7-16　京杭大运河（杭州拱墅段）受扰动后的空间状态

②整体性：核心特质模糊

从时间维度分析，如今京杭大运河（拱墅段）周边仅有数个历史文化街区、零星工业厂房，现代高层建筑占据了绝大多数的滨河空间，不同历史时期所占比例失衡，京杭大运河（拱墅段）的时代延续性已很难体现。

从周边城市环境来讲，高强度建设往往在建筑的体量、空间肌理、景观风貌的尺度等方面与城市文化景观有较大的差异。其高耸的体量、现代的造型往往使城市文化景观难以形成整体的场景感和沉浸的文化体验。

③渗透性：缺少弹性空间

城市文化景观因其特有的文化价值，具有吸引人流、资金以及创意人群的作用。城市文化景观周边往往有创意工厂或特色商业街区的建设，可以视作文化景观的对外辐射。现代化城市建设对于城市文化景观也有当前时代意义，并不能将城市文化景观的既有风貌与城市文化景观完全对立，应该留有可供二者交流、进而创新的空间。而高强度建设往往逼近城市文化景观核心物质边界，使其失去具有变革潜力的弹性空间。

（2）受扰动后的反馈

城市文化景观本身具有韧性，能够在一定程度上适应外来扰动，但是现代高强度的人工建设超出了城市文化景观的韧性阈值，城市文化景观表现出破碎化、特质消退、固化的现象，难以维系适应性循环的过程。

韧性规划致力于培养城市文化景观的自组织性，是城市文化景观自组织系统中一股重要的作用力。在韧性规划策略的作用下，城市文化景观的整体性、要素之间的连续性得到加强，城市文化景观与周边城市片区的融合性有所提高，可提升城市文化景观在高强度建设的扰动下保持自身核心特征的韧性能力（见图7-17）。

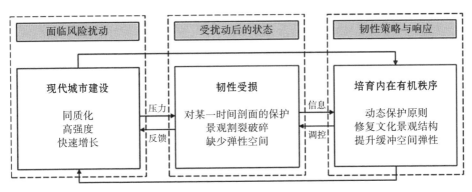

图7-17　城市文化景观韧性作用过程

7.4.4 文化景观韧性问题剖析

（1）整体性：对某一时间剖面的保护

京杭大运河（拱墅段）两岸人文资源丰富，古代、近代、当代都有历史遗迹留存，展现出丰富多元的历史信息。但是，这些零散的景观要素能够相对清晰地表达自身历史信息，却不能反映在城市文化景观整体中的价值和作用。它们作为京杭大运河（拱墅段）城市文化景观的一部分，相互之间却缺乏共同的文化基调，无法展现出清晰的历史脉络，也无法汇聚成一个整体。

京杭大运河（拱墅段）是不断演进的有机系统，在历史发展中功能不断演变，周边的人为建设也不断演变，但是这种自然更替中具有一种千年延续、有机传承的价值特性，正是这种特性使京杭大运河（拱墅段）区别于其他城市文化景观。当前，运河水系作为京杭大运河（拱墅段）城市文化景观的核心，无法支撑一个整体的城市文化景观。首先应该从历史和文化中挖掘、提炼运河景观的核心价值，以塑造具有整体性的运河景观，并真正延续运河的精神内核。

（2）连续性：景观割裂破碎

京杭大运河（拱墅段）的桥西历史文化街区、小河直街历史文化街区、富义仓、大兜路历史文化街区等等，被高强度、同质化的现代景观分隔，在空间上呈现出不连续性。而步行的连续性、视线廊道的通畅性也受到了一定程度的负面影响。结构破碎化导致京杭大运河（拱墅段）难以形成整体、连续的场景氛围。

（3）渗透性：缺少空间弹性

为确保京杭大运河（拱墅段）城市文化景观保护的完整性和系统性，相关规划划定了运河遗产核心保护区以及遗产缓冲区范围。现有的京杭大运河（拱墅段）缓冲区共分为两级，控制手段包括用地类型、建设项目、地下空间开发利用[148]。京杭大运河（拱墅段）的缓冲区多为河道本体外扩5米，在遗产区的基础上，缓冲区再向外扩40—240米[149]。

单从数据看，40—240米的外扩较为可观，但是实际上，由于缓冲区依河道外源向外偏移划定范围，缓冲区边界划分较为刚硬死板，很难在缓冲区中看到建筑高度、建筑风貌的控制效果。

缓冲区的控制失效，本质上是京杭大运河（拱墅段）周边的高强度建设作用力过强，缓冲区缺乏韧性，起不到缓冲、缝合城市文化景观与城市片区的作用。

7.5 文化景观韧性修复规划策略

7.5.1 整体性：动态保护原则

（1）梳理历史层积过程

文化景观韧性调控强调以动态视角审视历史价值，而非局限于保护或回归至某一特定的时间节点。因此，在动态保护的原则下，如何梳理京杭大运河（拱墅段）的历史层积过程，是判定具有代表性、真实性的历史阶段，研究非物质遗存与物质要素的内在联系的研究基础。

①古代

京杭大运河始掘于春秋，隋代完成了南北贯通，元朝东移改线，在中国古代城市发展中起到重要的作用。从历史的角度来看，钱塘江与西湖是杭州早期城市发展的主导因素，而在魏晋南北朝以后，运河成为促进城市发展的主要因素。杭州的城市发展，与京杭大运河（拱墅段）有着密不可分的互动关系。[150]

据地方志《越绝书》，秦朝修建江南运河，"南可通陵道，到由

147

拳塞……至钱塘、越地，通浙江"。即南起钱塘江畔钱塘县（今浙江杭州），北至镇江与长江相通。然而秦时江南运河更多地是出于军事和航运的目的而修建，与城市发展、人文景观形成联系并不紧密。

隋唐时期，运河已经不仅仅是军事和运输的功能，同时兼具政治、景观的功能。隋朝全国统一，京杭大运河完成了全线南北贯通，据《资治通鉴》记载，京杭大运河"穿江南河，自京口至余杭，八百余里，广十余丈，使可通龙舟，并置驿宫、草顿"。即北至北京，南至杭州，沟通南北，长度和宽度上都有所扩展。龙舟是皇帝的交通工具，因此可以看出运河的政治功能。唐朝、五代在运河沿线修建了许多船闸，并对河道进行了整治，保证了航运、排水的基本功能。

宋时，京杭大运河与杭州的城市职能、功能布局产生了密切的联系。由于南宋迁都临安（今杭州），南宋成为杭州发展的鼎盛时期，彼时店铺林立，十分繁华。杭州是京杭大运河的最南端，全国各地货物能够便捷地汇集于杭州，进一步促进了杭州商贸的发展。当时，商市突破了固定地点的限制，多夹河而设；城市居住制度由坊里制向街巷制转变；运河岸边建有容量较大的仓库供货物储存。

元明清时，运河对城市风貌产生了较大的影响。元朝时政治中心北移，杭州仍然是繁华的商业都市。明清时期，杭州武林门至湖墅一带成为南北货运的中心。其一，在沿河一面或者两边的街道上设有雨廊或者骑楼式的步行道，并在外沿柱间设置亦凳亦栏的横木，在提供遮阳、避雨、步行廊道的同时，也提供了极富人情味的社会交往空间。其二，房屋与运河之间，也有形式多样的水埠，即入水踏级 [151]。

综上所述，古代初期，京杭大运河（拱墅段）是封建统治阶层的政治需求推动运河景观的发展，如皇帝南巡、排水运输维持城市供给。但是随着时间发展，京杭运河大幅度促进了杭州的商贸发展，集聚了人口，形成了运河沿线繁荣的商市，辅以仓储、居住功能，在一定程度上京杭大运河塑造了杭州的城市空间格局和景观风貌。

　　从历史层积的视角看，古代杭州段大运河一直处于动态缓慢的更新状态，从秦朝单纯的军事、运输功能，到商贸、政治、运输等多功能复合，京杭大运河与人类生活的互动不断加深，在运河水系底蕴下滋养出独特的运河文化、社会关系与模式，城市文化景观的韧性不断增强（见图7-18）。

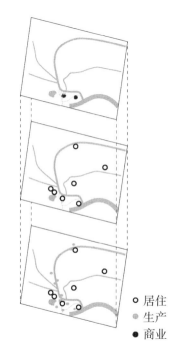

○ 居住
　生产
● 商业

图7-18　杭州段京杭大运河周边城市功能演进示意

②近现代

　　近代，政府对杭州城内外的运河重视大不如前，不少支流或淤或浅或被填。

　　新中国成立后，政府对运河做了一些整治与改造工作，重新打通了京杭运河与钱塘江的通航，恢复了杭州段京杭运河的航运功能。但是在这一时期，由于对经济建设单一目标的追求，运河两岸新建大量现代工业、居住区等，历史景观、历史建筑、古代桥梁经历了粗暴的拆除和破坏。

21世纪初，杭州政府逐渐着手运河拱墅段的生态环境治理和运河文化景观带的整体规划建设，通过北星公园、青莎公园等绿色景观节点组织、整合运河文化旅游景观，对于重塑重要历史结构、联系碎片化的城市文化景观片区有一定作用。

综上所述，近现代，由于大运河的运输功能逐渐被其他交通方式取代，京杭大运河（拱墅段）周边片区逐渐走向衰落；随后，经历了从只重视经济建设向生态、文化多功能追求的转变，也因为西湖周边建设的饱和，京杭大运河（拱墅段）又迎来了新的发展机遇。

从历史层积的角度看，近现代杭州京杭大运河与古代有非常明显的断层，甚至近现代建设很大程度上抹去、覆盖了古代人文景观。不仅如此，现代景观建设也同样大量覆盖了近代的工业景观。古代杭州京杭大运河的缓慢动态更新已经失去平衡。在快速的城市建设与变动中，不同历史阶段间难以体现城市文化景观的传承。在这样的覆盖式更新模式下，现在的京杭大运河（拱墅段）的物质遗存只能承载少量历史片段的信息，城市文化景观整体性受到挑战。

（2）延续景观文化脉络

①基于历史层积延续景观格局

基于对历史层积过程的梳理，进一步研究城市文化景观深层次的形成原因和内在秩序。宋朝，由坊里制向街巷制转变，结合京杭大运河的影响，杭州形成了运河沿岸繁华商市向外扩展的鱼骨状布局。

运河有湖墅八景、艮山十景等题名景观，体现了运河的自然水文特色以及周边市井居民的生活景观。因此，分析题名景观，可以提炼出京杭大运河（拱墅段）的市井喧闹与江南水景并存的价值意向。

基于上述分析，规划提出：首先，应当将运河作为京杭大运河（拱墅段）城市文化景观保护的核心，并保护以运河为空间轴线，向外扩展的鱼骨状空间模式。其次，在整体的空间氛围上，保持市井生活、水系景观、真实接地气的审美价值，与西湖的阳春白雪式士大夫赏景氛围作区分。最后，保持运河周边景观节点的节奏，并大力发展水上航线，以最大程度重现运河的文化体验。

②基于人文价值重塑物质环境

以人文价值为指向重塑物质环境，充实京杭大运河（拱墅段）演变脉络在时间序列上的完整性。在时间轴线上，时间越久远，物质遗存越少，形态越破碎，时代较晚的年代则遗存相对丰富，形态更为清晰连贯。然而这为展现历史层积演变的过程造成了较大的困难。

从单纯的物质遗存历史价值而言，物质要素虽然已经所存不多，但是运河及周边城市建设一直以来都在京杭大运河的人文价值作用下不断重建。因此，虽然缺乏物质载体，但历史意境仍可追溯。在这样的情况下，挖掘该地段的核心人文价值，或保护或结合现代建筑方法进行再创作，使这一历史意境重回现实，是整体性给予城市文化景观保护与利用的启示。

③基于真实性保持建筑丰富多元

历史层积视角揭示了城市文化景观是不同时代在一个区域内的叠合，所以某历史文化街区内会出现不同朝代的历史建筑物，这是历史脉络的真实作用。但是传统的城市文化景观保护往往是时间剖面式的保护，对城市文化景观内的历史街区往往有明确的时代、风格定位。在更新过程中，对不符合该朝代或不具有明显朝代特征的建筑予以改造或拆除，最后形成统一、相似的建筑群。这样的更新方式，虽然能够保证街区内的整体协调统一，却缺少了丰富多元的建筑形态。

基于历史层积性，保留历史文化街区内真实存在的、与整体氛围并不完全一致的建构筑物，能够丰富历史文化街区的风貌层次性，展现历史演变过程脉络，提升真实性和街区活力。这方面，京杭大运河（拱墅段）内的桥西历史文化街区考虑周全，将工业建筑进行改造，与古代传统民居在风貌上形成和谐的整体，同时又给游人以丰富的体验及历史传承感。

（3）辩证看待现代建筑

在城市文化景观韧性机制分析的章节中，将同质化、高强度、快速增长的现代建设作为城市文化景观韧性系统的外在干扰。然而，并不是所有的现代建筑都是外在扰动。

从历史层积的视角看，现代是京杭大运河（拱墅段）历史过程中的一部分，另外，有机演进、活态传承是城市文化景观韧性的目标。

因此，对于现代建筑，一方面，需要控制其过度的扩张、与地域特性完全不相干的同质化风貌；另一方面，对于与城市文化景观内在文化价值相互作用，能够呈现出城市文化景观在现代的生产生活方式下的真实社会关系、建筑需求的现代建筑，应当予以保留和保护，以保证城市文化景观的连贯性。

如近年来京杭大运河（拱墅段）周边很多近代工业建筑被大量拆除，当时普遍认为工业建筑是对古代传统建筑风貌的一种破坏，但是在这种大规模的拆除过程中，也破坏了一些具有工业遗产价值的建筑物，它们本能够成为京杭大运河（拱墅段）的重要物质遗产。过于强调古代价值，使得工业时代遗迹在京杭大运河（拱墅段）历史层积过程中被弱化，时间连贯性减弱。

7.5.2 连续性：修复文化景观结构

（1）打通视线廊道，打造有层次的城市天际线

城市文化景观要素之间的相互关联，并不局限于物质要素在空间上的相互联系，也包括人的行为以及对城市空间的认知规律。视线廊道就是典型的基于人感知的现实文化景观要素之间关联的产物。通过对城市文化景观要素在空间结构上的修复，能够使之由分散的历史文化街区，组织成为城市文化景观，并凭借京杭大运河（拱墅段）的庞大历史文化遗产体量

与运河本身所具有的演变动力，提升城市文化景观整体韧性。

①拱宸桥区段

建筑高度方面，京杭大运河拱宸桥区段与其西部城市环境的高度变化相对连续，并未造成严重的割裂感。其东部，即河对岸的城市建筑，虽然没有过渡片区，高层建筑直接贴河建设，但受益于宽阔的运河河面，对运河区段造成的压迫感较小。

视线廊道方面，拱宸桥、登云桥都有预留视线廊道，并与公共空间，如运河广场、滨水绿地、小学等开敞、低密度空间结合（见图7-19）。

综上所述，京杭大运河拱宸桥区段与周围城市环境的关系较为融洽，应对策略侧重于整体保持视廊与建筑高度关系，局部进行调整，如对对岸的滨河高层住宅建筑进行高度、排布、面宽控制（见图7-20）。

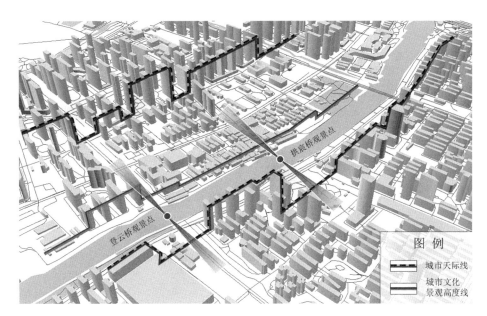

图7-19　拱宸桥区段外部环境分析

■ **建设控制**
1. 建筑形态与风格：保持和延续传统建筑的格局、高度、体量，尤其是传统民居临水而居形成的历史景观。
2. 景观格局：保持沿河景观廊道的畅通和河道两岸景观的协调。

■ **建设引导**
1. 强化廊道连续性和完整性：通过连续不间断的绿地与与广场强化廊道的连续性；通过公共建筑，强化绿色廊道。
2. 严格控制缓冲区的建筑高度和建设强度，禁止大体量高强度的开发建设。现状建设不符合保护要求的，应加以修复整治或逐步拆除，近期无法实现的，应该在建筑改造时或建筑使用年限到期后，按相应要求予以整治或拆除。；

■ **空间意向图**

（高清图）

图7-20　拱宸桥区段空间设计导则

②小河直街区段

建筑高度方面，京杭大运河小河直街区段与南部城市环境对比差异显著。二者之间缺乏缓冲地带，在平面上几乎紧贴在一起，形成压迫感，对城市文化景观的场景氛围产生较大负面影响。

视线廊道方面，由于小河直街区段的建筑布局和形态具有内向型，所以以京杭大运河支流小河为轴，形成视线通廊。但是小河直街与对岸北新关遗址、周边工业厂房在视线上完全隔断，缺乏联系与对话（见图7-21）。

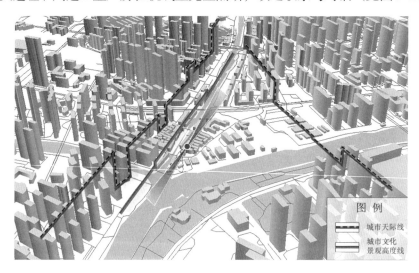

图例
■■■ 城市天际线
■■■ 城市文化景观高度线

图7-21　小河直街段外部环境分析

154

综上所述，京杭大运河小河直街区段与周围城市环境的关系较不融洽，但在空间上和遗产留存上还有很大提升的空间和潜力。因此应对策略侧重于打通小河直街与周边公共空间、开敞绿地之间的联系，形成丰富、整体的公共活动核心，并且控制周围的建设高度与强度。

③大兜路区段

建筑高度方面，京杭大运河大兜路区段与周围城市环境完全割裂。高层建筑将大兜路区段紧密地包围住。二者在建筑高度、建筑风貌、空间肌理等各个方面都不相协调。

视线廊道方面，大兜路区段沿运河设有步行街，形成较为畅通的视线廊道。但是与运河垂直的方向上缺少视线廊道，使得城市文化景观相对封闭，只有进入大兜路历史文化街区才能感受到运河及周围街区的空间氛围（见图7-22）。

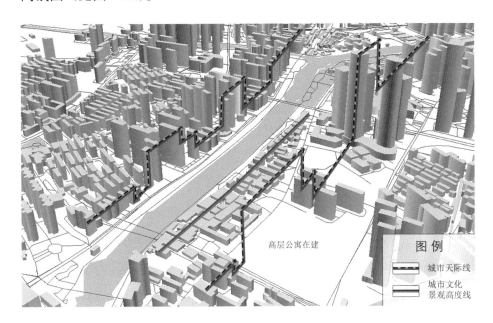

图7-22　大兜路外部环境分析

综上所述，京杭大运河小河直街区段与周围城市环境的关系较不融洽，且周边建设相对成熟，改造潜力较小。因此应对策略侧重于延伸沿河廊道，与西边的城市公园和小河直街形成一体，并且丰富视线关系、增强向水引导性。

（2）整合步行廊道，形成网络

由于京杭大运河（拱墅段）是线性文化景观，在宽度上尺度并不大，所以步行是主要的交通方式。对于步行系统通达性的提升是长期以来京杭大运河（拱墅段）景观整治改造的重点，但是对于桥的重视还不足。

桥是运河两岸最重要的沟通渠道，能够很大程度上丰富横向的步行联系，同时桥上沿运河观赏是天然的视线通廊。一些历史上有的、具备条件的桥，可以酌情进行修复。

7.5.3 渗透性：提升缓冲空间的弹性

京杭大运河（拱墅段）的缓冲区控制效果不佳，常规的规划应对策略有加大监督执法力度、量化控制指标、增加控制指标类型，如建设项目、类型、建筑轮廓线、建筑之间道路交通组织形式等。

但是从城市文化景观韧性的视角出发，缓冲区是城市文化景观与城市片区的边界，是两者进行信息和物质充分交流、孕育创新和变革的区域。促进城市文化景观动态演进、活态传承是城市文化景观韧性的要求。城市文化景观不能囿于过去，而应将城市文化景观的价值与特色赋予当地城市建设，抑或是将现代建设手法与材质融入城市文化景观。

（1）缓冲区的用地留白

缓冲区用地控制有两大原则，首先应该保证缓冲区的用地建设不对城市文化景观的保护产生损害，其次应该有助于城市文化景观的核心价值要素的外延式扩张。

现有的京杭大运河（拱墅段）一级缓冲区对用地控制是以绿地景

观、生态景观为主，逐步减少其他建设用地；二级缓冲区则宜安排公共服务设施用地、小型商业、休闲、旅游设施用地，限制发展高层居住和大型商业服务业设施、工业、物流仓储等用地。具体内容根据岸线类型又有所调整。这样较全面地对用地功能和用地强度进行了控制，并且比较符合缓冲区的用地控制原则。在此基础上，提出用地留白的韧性应对策略。

留白原指中国艺术作品创作中的一种手法，通过适当留下空白，留下想象的空间，营造特殊的意蕴。新加坡在1995年提出的留白规划，包括土地预留、混合利用与用途转换三大主要手段。2019年发布的《北京市战略留白用地管理方法》中提出文化空间留白概念，涉及具有历史、文化记忆的场所，特指那些并未纳入城镇历史保护政策体系的场所。

京杭大运河（拱墅段）缓冲区内建设密度很高，然而大多已有一定年代。原有的空间表现出单一、僵化、活力丧失的问题。通过留有余地空间，一方面留白用地闲置时，可以先将其作为绿地，能够使景观在构成上疏密有致，有利于营造宽广的视野；另一方面也能为今后的使用提供更多的可能性，使空间通过微小调整便能实现与时俱进。

（2）缓冲区的用地复合

京杭大运河（拱墅段）的缓冲区控制只是对建筑高度、建筑风貌有简单的要求，对功能开发、行为活动等均不明确，而具体管理操作、监督运行等方面更是鲜有涉及。

用地复合包括多层次的含义，其中既有同一空间中多种功能的共存，也有不同时间段的功能活动互补，还包括集约高效的用地组织模式。

在城市文化景观缓冲区，用地复合意味着合理的多元混杂功能，这能带来不同类型的人群、在不同时间段集聚，因此能汇聚人流，产生交往，增进空间活力，如小型文化设施用地和商业用地的复合、绿地与小型娱乐设施的复合等等。通过对复合用地的合理布局，也能够形成从城市文化景观到城市片区的空间肌理的合理过渡。

在保护城市文化景观内部物质要素的基础上，对于缓冲区内的改造转换持积极态度，不强求材料、形态等方面的一致，但是应当与城市文化景观的氛围协调，具有一脉相承的内在文化取向。

参考文献

［1］邵亦文,徐江.城市韧性:基于国际文献综述的概念解析［J］.国际城市规划,2015,30(2):48-54.

［2］孟海星,贾倩,沈清基,等.韧性城市研究新进展——韧性城市大会的视角［J］.现代城市研究,2021(4):80-86.

［3］Unsco World Heritage Center. Operational Guidelines for the Implementation of the World Heritage Convention, WHC［R］. Paris: World Heritage Centre, 2015.

［4］韩锋.世界遗产文化景观及其国际新动向［J］.中国园林,2007(11):18-21.

［5］李和平,肖竞.我国文化景观的类型及其构成要素分析［J］.中国园林,2009,25(2):90-94.

［6］肖竞,李和平.西南山地历史城镇文化景观演进过程及其动力机制研究［J］.西部人居环境学刊,2015,30(3):120-121.

［7］单霁翔.走进文化景观遗产的世界［M］.天津:天津大学出版社,2010.

［8］汤茂林.文化景观的内涵及其研究进展［J］.地理科学进展,2000(1):70-79.

［9］郭凌,王志章.空间生产语境下的城市文化景观失忆与重构［J］.云南民族大学学报(哲学社会科学版),2014,31(2):35-41.

［10］范霞.城市景观的文化内涵——基于城市景观演变的分析［J］.城市问题,2005(1): 21-24.

［11］牛雄,田长丰,孙志涛,等.中国城市空间文化基因探索［J］.城市规划,2020,44(10): 81-92.

［12］袁锦富,司马晓,张京祥,等.城乡特色危机与规划应对［J］.城市规划,2018,42(2): 34-41.

［13］山形与志树,阿尤布·谢里菲编.韧性城市规划的理论与实践［M］.曹琦,师满江,译.北京:中国建筑工业出版社,2020.

［14］赵瑞东,方创琳,刘海猛.城市韧性研究进展与展望［J］.地理科学进展,2020,39(10): 1717-1731.

［15］Spaans M , Waterhout B . Building up resilience in cities worldwide-Rotterdam as participant in the 100 resilient cities programme［J］. Cities, 2016, 61(1): 109-116.

［16］何永.《新城市议程》中的生态与韧性——第三届联合国住房和可持续城市发展会议(人居Ⅲ)工作纪实［J］.世界建筑,2017(4): 24-29, 116.

［17］朱正威,刘莹莹,杨洋.韧性治理:中国韧性城市建设的实践与探索［J］.公共管理与政策评论,2021,10(3): 22-31.

［18］刘珂秀,刘滨谊."景观记忆"在城市文化景观设计中的应用［J］.中国园林,2020,36(10): 35-39.

［19］杨俊,张青萍.南京钟山历史文化景观层积认知研究［J］.城市发展研究,2018,25(11): 86-92.

［20］储成芳,苏勤,张浩.近十年国外文化景观研究综述［J］.旅游论坛,2012,5(6): 98-103.

［21］侯文潇,温大严,吴婷.塞尔维亚巴契及周边地区文化景观对比分析研究［J］.中国文化遗产,2020(1): 89-97.

［22］谢雨婷, 克里斯蒂安·诺尔夫. 长三角大都市区文化景观特征评估［J］. 中国园林, 2020, 36（12）: 73-78.

［23］Utami W, Andalucia, Sitorus R, Thalarosa B. Studying resilience on urban cultural landscape heritage［J］. IOP Conference Series: Earth and Environmental Science, 2019, 366: 012008.

［24］Ileana Pătru-Stupariu, Marioara Pascu, Matthias Bürgi. Exploring tangible and intangible heritage and its resilience as a basis to understand the cultural landscapes of Saxon Communities in southern Transylvania（Romania）［J］. Sustainability, 2019, 11（11）:1-18.

［25］吴霜. 应对重大公共卫生事件的林盘智慧——林盘文化景观韧性研究［J］. 小城镇建设, 2020, 38（6）: 52-57.

［26］佘高红, 侯怡爽. 韧性视角下的传统村落文化景观保护研究——以古北口村为例［J］. 华中建筑, 2019, 37（7）: 88-92.

［27］Berkes F, Folke C, Colding J. Linking Social and Ecological Systems: Management Practices and Social Mechanisms for Building Resilience［M］. Cambridge: Cambridge University Press, 1998.

［28］Carpenter S, Walker B, Anderies J M, et al. From metaphor to measurement: resilience of what to what?［J］. Ecosystems, 2001, 4（8）: 765-781.

［29］Carl, Folke. Resilience: The emergence of a perspective for social-ecological systems analyses［J］. Global Environmental Change, 2006, 16（3）: 253-267.

［30］Holling C S. Resilience and stability of ecological systems［J］. Annual Review of Ecology and Systematics, 1973（4）: 1-23.

［31］李彤玥. 韧性城市研究新进展［J］. 国际城市规划, 2017, 32（5）: 15-25.

［32］徐江, 邵亦文. 韧性城市:应对城市危机的新思路［J］. 国际城市规

划, 2015, 30（2）: 1–3.

［33］Carpenter S R , Brock W A. Adaptive capacity and traps［J］. Ecology and Society, 2008, 13（2）.

［34］Pendall R, Foster K A, Cowell M. Resilience and regions: Building understanding of the metaphor［J］. Cambridge Journal of Regions, Economy and Society, 2010, 3（1）.

［35］Holling C S. From complex regions to complex worlds［J］. Ecology and Society, 2004, 9（1）.

［36］Gunderson L H, Holling C S. Panarchy: Understanding transformations in human and natural systems［M］. Washington, D.C.: Island Press, 2002.

［37］Gallopín G C. Human dimensions of global change: Linking the global and the local processes［J］. International Social Science Journal, 1991（43）: 707–718.

［38］Turner B L, Kasperson R E, Matson P A, et al. A framework for vulnerability analysis in sustainability science［J］. Proceedings of the National Academy of Sciences of the United States of America, 2003（14）: 100.

［39］Walker B, Hollin C S, Carpenter S R , et al. Resilience, adaptability and transformability in social–ecological systems［J］. Ecology & Society, 2004, 9（2）: 5.

［40］许婵, 赵智聪, 文天祚. 韧性——多学科视角下的概念解析与重构［J］.西部人居环境学刊, 2017, 32（5）: 59–70.

［41］王其藩. 系统动力学［M］.上海: 上海财经大学出版社, 2009.

［42］钟永光, 贾晓菁, 钱颖. 系统动力学［M］.北京: 科学出版社, 2013.

［43］Resilience Alliance. Panarchy［EB/OL］.［2022–07–12］. https://www.resalliance.org/panarchy.

［44］吴宇彤, 郭祖源, 彭翀. 效率视角下的长江上游韧性评估与规划

策略［C］//中国城市规划学会.共享与品质——2018中国城市规划年会论文集(16 区域规划与城市经济).北京:中国建筑工业出版社,2018:961-971.

［45］Martin R. Regional economic resilience, hysteresis and recessionary shocks［J］. Journal of Economic Geography, 2012, 12(12): 1-32.

［46］修春亮,魏冶,王绮.基于"规模—密度—形态"的大连市城市韧性评估［J］.地理学报,2018,73(12): 2315-2328.

［47］彭翀,林樱子,顾朝林.长江中游城市网络结构韧性评估及其优化策略［J］.地理研究,2018,37(6): 1193-1207.

［48］ARUP. City Resilience Index: Understanding And Measureing City Resilience［EB/OL］.(2018)［2021-09-10］. https://www.arup.com/perspectives/publications/research/section/city-resilience-index.

［49］APN. Community Resilience Tool Identifies Adaptation Options for Communities in Cambodia and Viet nam | Asia-Pacific Network for Global Change Research［EB/OL］.(2015)［2021-09-10］. https://www.apn-gcr.org/news/community-resilience-tool-identifies-adaptation-options-for-communities-in-cambodia-and-viet-nam/.

［50］World Bank. City strength diagnostic: methodological guidebook［R］. Washington, D.C.: The World Bank Group, 2015.

［51］Rome E, Ullrich O, Lückerath D, et al. IVAVIA: Impact and Vulnerability Analysis of Vital Infrastructures and Built-Up Areas［C］// International Conference on Critical Information Infrastructures Security. Springer, Cham, 2018.

［52］DIMSUR. CityRAP: City resilience action planning tool［EB/OL］.(2014)［2021-09-10］. http://dimsur.org/3-cityrap-tool/.

［53］Kristin L, Mariama N K, Sarah H. Climate information for those who need it most: contributions of a participatory systems mapping approach in Ni-

163

ger[R]. Washington, D.C.: United States Agency for International Development, 2018: 1-42.

[54]陈娜, 向辉, 叶强, 等. 基于层次分析法的弹性城市评价体系研究[J]. 湖南大学学报(自然科学版), 2016, 43(7): 146-150.

[55]毕云龙, 兰井志, 赵国君. 城市生态恢复力综合评价体系构建——以上海、香港、高雄、新加坡为实证[J]. 中国国土资源经济, 2015, 28(5): 47-52, 57.

[56]王敏, 侯晓晖, 汪洁琼. 基于传统生态智慧的江南水网空间韧性机制及实践启示[J]. 风景园林, 2018, 25(6): 52-57.

[57]冯矛, 张涛. 雨洪韧性视角下的城市绿色基础设施规划路径探索——以重庆市铜梁区为例[C]// 活力城乡 美好人居——2019中国城市规划年会论文集(08 城市生态规划). 北京: 中国建筑工业出版社, 2019: 420-431.

[58]王静, 朱光蠡, 黄献明. 基于雨洪韧性的荷兰城市水系统设计实践[J]. 科技导报, 2020, 38(8): 66-76.

[59]孙晓乾, 陈敏扬, 余红霞, 等. 从城市防灾到城市韧性——"新冠肺炎疫情"下对建设韧性城市的思考[J]. 城乡建设, 2020(7): 21-26.

[60]李翅. 健康与韧性理念下应对突发性公共卫生事件的空间规划策略[J]. 风景园林, 2020, 27(8): 114-119.

[61]王欣宜, 汤宇卿. 面对突发公共卫生事件的平疫空间转换适宜性评价指标体系研究[J]. 城乡规划, 2020(4): 21-27, 36.

[62]何子张, 刘旸. 韧性城市视角下国土空间防疫体系构建的规划策略[J]. 北京规划建设, 2020(2): 15-18.

[63]王世福, 黎子铭. 疫情启示的新常态:空间韧性与规划应对[J]. 西部人居环境学刊, 2020, 35(5): 18-24.

[64]梁静, 刘亚静, 葛明, 等. 基于城市韧性理论的资源型城市废旧工

业厂区更新与改造研究——以大庆市0459文化创意产业博览园概念规划为例[J].城市建筑,2020,17(24):71-74.

[65]乔廷尧."韧性城市"视野下城市废旧码头空间再利用设计研究[D].青岛:青岛理工大学,2019.

[66]谢蒙.四川天府新区成都直管区乡村韧性空间重构研究[D].成都:西南交通大学,2017.

[67]颜文涛,卢江林.乡村社区复兴的两种模式:韧性视角下的启示与思考[J].国际城市规划,2017,32(4):22-28.

[68]郑艳.适应气候变化的协同治理——美国城市适应气候变化的经验和启示[M].北京:社会科学文献出版社,2015.

[69]刘堃,李贵才,尹小玲,等.走向多维弹性:深圳市弹性规划演进脉络研究[J].城市规划学刊,2012(1):63-70.

[70]吴浩田,翟国方.韧性城市规划理论与方法及其在我国的应用——以合肥市市政设施韧性提升规划为例[J].上海城市规划,2016(1):19-25.

[71]刘复友,刘旸.韧性城市理念在各级城乡规划中的应用探索——以安徽省为例[J].北京规划建设,2018(2):40-45.

[72]李彤玥.基于韧性视角的省域城镇空间布局框架构建研究[J].城市与区域规划研究,2018,10(4):273-288.

[73]许慎.说文解字[M].北京:中华书局,2013.

[74]杨秀平,贾云婷,翁钢民,等.城市旅游环境系统韧性的系统动力学研究——以兰州市为例[J].旅游科学,2020,34(2):23-40.

[75]何依.四维城市理论及应用研究[D].武汉:武汉理工大学,2012.

[76]凯文·林奇.城市意象[M].北京:华夏出版社,2017.

[77]龚自珍.龚自珍全集[M].上海:上海古籍出版社,1999.

[78]孙俊桥,古希.政策与市场双重逻辑下的城市空间与景观演化

[J].南京大学学报(哲学·人文科学·社会科学),2020,57(5):46-53.

[79]大卫·哈维.正义、自然和差异地理学[M].上海:上海人民出版社,2010.

[80]田长丰,牛雄,杨秋生.北京城的变与不变:都城营建的文化基因实证研究[J].城市发展研究,2020,27(4):15-20.

[81]陈溥.北京中轴线的变迁史[N].北京晚报,2016-12-27.

[82]蔡文青.佛教对泉州古城空间影响研究[D].泉州:华侨大学,2020.

[83]刘淑虎,冯曼玲,陈小辉,等."海丝"城市的空间演化与规划经验探析——以古代福州城市为例[J].新建筑,2020(6):148-153.

[84]刘润生.福州市城乡建设志[M].北京:中国建筑工业出版社,1994.

[85]徐景熹主修,福州市地方志编纂委员会整理.福州府志(乾隆本)[M].福州:海风出版社,2001.

[86]郭柏苍.竹间十日话[M].福州:海风出版社,2001.

[87]刘旭.移植与涵化:俄日侵占时期的大连中心城区空间结构演变[J].大连城市历史文化研究,2017(00):63-90.

[88]大连市人民政府.《大连市历史文化名城保护条例》明年1月起施行[EB/OL].(2020-12-16)[2021-09-18].https://www.dl.gov.cn/art/2020/12/16/art_1185_497086.html.

[89]李悦铮,李雪鹏,张志宏.试论城市文化景观的演化与构建——以大连市为例[J].辽宁师范大学学报(社会科学版),2010,33(5):14-19.

[90]施国平.深圳城市与建筑地域特色发展策略研究——深圳城市形态实地踏勘报告与城市特色塑造的几点建议[D].深圳:深圳大学,2000.

[91]罗军.基于多尺度层次的深圳城市平面格局演进研究[D].广

州:华南理工大学,2017.

[92]深圳市规划局.《深圳市中心区城市设计与建筑设计1996-2004》系列丛书[M].北京:中国建筑工业出版社,2005.

[93] Swanstrom T. Regional resilience: A critical examination of the ecological framework[R]. Working Paper,Institute of Urban and Regional Development, 2008.

[94] David W. Cash, W. Neil Adger, Fikret Berkes, et al. Scale and cross-scale dynamics: Governance and information in a multilevel world[J]. Ecology and Society, 2006, 11(2): 8.

[95]郑剑艺.澳门内港城市形态演变研究[D].广州:华南理工大学, 2017.

[96]金费婷.真实性原则下的历史街区城市更新研究——以浙江省杭州市南宋御街为例[J].建筑与文化,2021(2): 147-149.

[97]王澍.用中国本土的原创建筑来保护城市——杭州中山路遗存与城市复兴[J].建筑遗产,2016(3): 19-27.

[98]苏世亮,吴林颖,杜清运,等.文化景观地图设计:表达对象与艺术风格[J].测绘通报,2021(3): 81-86.

[99]刘建阳,谭春华,费浩哲,等.不同而"和":共生理论下历史文化街区保护与更新规划实践[J].中外建筑,2022(5): 42-50.

[100]周俭,俞静,陈雨露,等.上海总体城市设计空间研究与管理引导[J/OL].城市规划学刊,2017(S1): 101-108.

[101]塔娜,曾屿恬,朱秋宇,等.基于大数据的上海中心城区建成环境与城市活力关系分析[J].地理科学,2020,40(1): 60-68.

[102]潘忠诚,陈翀,彭涛,等."整体"与"延续"的概念和实践——广州市传统中轴线城市设计的思考[J].城市规划学刊,2007(2): 100-105.

[103]赵秀敏,金淑敏,郑望阳,等.历史文化名城滨水街区的触媒场

景与生态位构成法则——以杭州湖滨街区为例[J].中国名城,2021,35
(12):81-87.

[104]陈泳.城市空间:形态、类型与意义——苏州古城结构形态演化
研究[M].南京:东南大学出版社,2006.

[105]张琳捷,王树声,高元.旧城更新视角下的城市文化空间建设经
验及其启示——以伦敦南岸Coin Street片区为例[J].工业建筑,2022,52
(3):1-10.

[106]赵烨,王建国.滨水区城市景观的评价与控制——以杭州西湖
东岸城市景观规划为例[J].城市规划学刊,2014(4):80-87.

[107]韩骥.京都、奈良在城市建设中保存古都风貌的经验[J].城市
规划,1981(1):63-70.

[108]沈澄如.拉美城市建设风貌[J].世界知识,1981(24):18-19.

[109]侯仁之.首都应有什么样的城市风貌[J].学习与研究,1986
(7):39.

[110]吴祖宜.论西安的古都风貌与保护[J].长安大学学报(建筑与
环境科学版),1987(1):50-55.

[111]江泳.塞上名城——银川城市风貌特色的探索[J].重庆建筑工
程学院学报,1993(4):15-21.

[112]谢儒.把园林设计思想引入城市设计——论兰州城市风貌特色
的保护和创造[J].中国园林,1994(3):51-55,14.

[113]钟英.斯德哥尔摩城市风貌的保护[J].城市规划研究,1985
(2):46-48.

[114]张剑涛.城市形态学理论在历史风貌保护区规划中的应用[J].
城市规划汇刊,2004(6):58-66,96.

[115]杨华文,蔡晓丰.城市风貌的系统构成与规划内容[J].城市规
划学刊,2006(2):59-62.

［116］李晖,杨树华,李国彦,等.基于景观设计原理的城市风貌规划——以《景洪市澜沧江沿江风貌规划》为例［J］.城市问题,2006(5):40-44.

［117］周俭,陈亚斌.类型学思路在历史街区保护与更新中的运用——以上海老城厢方浜中路街区城市设计为例［J］.城市规划学刊,2007(1):61-65.

［118］王英姿,余柏椿.挖掘城市风貌的大众媒介特性——四川遂宁市城市风貌规划思考［J］.规划师,2007(9):42-46.

［119］李慧敏,杨豪中.基于视域的西安城市历史文化景观整体性保护策略研究［J］.华中建筑,2018,36(7):12-14.

［120］肖洪未.关联性保护与利用视域下城市线性文化景观的构建［J］.西部人居环境学刊,2016,31(5):68-71.

［121］张亚,毛有粮."城市双修"理念下的重庆市城市风貌总体设计［J］.规划师,2017,33(S2):27-30.

［122］李绍燕,洪再生.风貌规划发展的探索与思考［J］.天津大学学报(社会科学版),2015,17(6):550-555.

［123］特里·N.克拉克,李鹭.场景理论的概念与分析:多国研究对中国的启示［J］.东岳论丛,2017,38(1):16-24.

［124］Ghaziani A. Cultural archipelagos: New directions in the study of sexuality and space［J］. City & Community, 2019, 18(1).

［125］Amin Ghaziani. Measuring urban sexual cultures［J］. Theory and Society, 2014 (43): 371-393.

［126］Clemente J Navarro, Cristina Mateos, M J Rodríguez. Cultural scenes, the creative class and development in Spanish municipalities［J］. European Urban and Regional Studies, 2014, 21(3).

［127］Patterson M, Silver D. The place of art: Local area characteristics and arts growth in Canada, 2001–2011［J］. Poetics, 2015(51): 69-87.

[128]詹绍文,王敏,王晓飞.文化产业集群要素特征、成长路径及案例分析——以场景理论为视角[J].江汉学术,2020,39(1):5-16.

[129]周详,成玉宁.基于场景理论的历史性城市景观消费空间感知研究[J].中国园林,2021,37(3):56-61.

[130]盖琪.场景理论视角下的城市青年公共文化空间建构——以北京706青年空间为例[J].东岳论丛,2017,38(7):72-80.

[131]陈波,林馨雨.中国城市文化场景的模式与特征分析——基于31个城市文化舒适物的实证研究[J].中国软科学,2020(11):71-86.

[132]陈波.基于场景理论的城市街区公共文化空间维度分析[J].江汉论坛,2019(12):128-134.

[133]段勇.当代城市景观雕塑设计方案的探讨[J].大舞台,2013(5):129-130.

[134]黄耀志,李清宇,毕婧.基于总体规划层面的城市雕塑系统规划之苏州实践[J].城市发展研究,2011,18(3):37-43.

[135]梁家年,万敏.现代城市景观雕塑规划设计探讨[J].装饰,2006(7):111-112.

[136]叶麟珀,余伟,陈漫华.城市雕塑规划的编制思路与实践——以无锡城市雕塑总体规划为例[J].中国园林,2020,36(S2):147-151.

[137]董禹,费月,董慰.基于文化景观基因法的赫哲族传统聚落文化景观特征探析——以四排赫哲族乡为例[J].小城镇建设,2019,37(3):98-105.

[138]周红,涂文根.黔中安顺屯堡文化景观基因识别与提取研究[J].中国名城,2020(12):49-54.

[139]马育恒.平江历史街区公共空间韧性评价[J].中外建筑,2020(8):42-43.

[140]Folke C, Carpenter S R, Walker B, et al. Resilience thinking: Inte-

grating resilience, adaptability and transformability［J］. Ecology and Society, 2010, 15（4）: 20.

［141］石振武, 谭宪宇, 刘洁. 防震视角下综合管廊韧性评价体系［J］. 土木工程与管理学报, 2019, 36（3）: 19-26.

［142］朱恺奕, 卡罗拉·海因, 孙磊磊. 动态的遗产策略: 文化、经济、历史维度下的荷兰建筑遗产改造实践［J］. 建筑师, 2020（1）: 22-31.

［143］陈卉, 王骏, 徐杰. 历史地段整体性保护与更新策略——以嘉兴子城遗址公园为例［J］. 南方建筑, 2017（6）: 88-93.

［144］兰伟杰. 工业遗产保护的目标场景和规划策略——以九江动力机厂为例［J］. 中国名城, 2020（5）: 66-72.

［145］喻雪. 我国工业遗产改造利用中的价值阐释与展示研究［D］. 北京: 北京建筑大学, 2017.

［146］王建英, 邹利林. 城市历史文化街区空间结构的地方性与渗透性分析［J］. 华侨大学学报（自然科学版）, 2017, 38（3）: 350-355.

［147］王云才, 韩丽莹. 基于景观孤岛化分析的传统地域文化景观保护模式——以江苏苏州市甪直镇为例［J］. 地理研究, 2014, 33（1）: 143-156.

［148］杭州滨江区人大常委会. 杭州大运河世界文化遗产保护规划报批稿［EB/OL］.（2017-04）［2021-09-19］. https://max.book118.com/html/2019/0131/5223103304002004.shtm.

［149］王晓. 大运河（杭州段）整体性保护方法研究——运河遗产廊道建设的视角［J］. 中国名城, 2016（8）: 76-82.

［150］徐勤, 宣建华. 京杭大运河（杭州段）与杭州城市的发展关系［J］. 建筑与文化, 2018（5）: 121-123.

［151］安亚明. 京杭运河（杭州城区段）景观保护与发展研究［D］. 杭州: 浙江大学, 2007.

附 录

附录一：京杭大运河（拱墅段）城市文化景观韧性评价调查问卷

您好！

真心感谢您接受问卷调查，本调查以无记名方式进行，回答的内容只用于纯粹的学术研究目的，绝不会以任何方式公开收集的私人信息。

基本信息

1. 请问您是否建筑、规划相关专业的老师或学生？ ［单选题］

○是

○否

2. 您之前参观过京杭大运河（拱墅段）或周边景点的次数是？［单选题］

○0次

○1-2次

○3-5次

○6-10次

○10次以上

一、风貌协调性

1. 形态：建筑物是否具有整体、协调的色彩、材质、形式？

（1）完全不符合　（2）不符合　（3）普通　（4）符合

（5）完全符合

2. 体量：各建筑在高度、体积等方面是否相似、逐步过渡？

（1）完全不符合　（2）不符合　（3）普通　（4）符合

（5）完全符合

3. 空间肌理：街巷宽度、街坊大小、建筑密度是否相对统一，具有连续、有层次的公共空间系统？

（1）完全不符合　（2）不符合　（3）普通　（4）符合

（5）完全符合

二、重要历史结构

1. 京杭大运河重要历史结构是否相对保存完好？

（1）完全不符合　（2）不符合　（3）普通　（4）符合

（5）完全符合

三、可达性

1. 在您游览过程中，您的行进路线是否便捷、易达、易辨识、少有回头路？

（1）完全不符合　（2）不符合　（3）普通　（4）符合

（5）完全符合

2. 在您游览过程中，您认为重要景点空间距离是否过远？

（1）完全不符合　（2）不符合　（3）普通　（4）符合

（5）完全符合

四、视线连续性

1. 您认为京杭大运河（拱墅段）视线廊道是否通畅？

（1）完全不符合　（2）不符合　（3）普通　（4）符合

（5）完全符合

2. 您认为京杭大运河（拱墅段）周边的现代建筑物是否过高，对文化景观的场景氛围造成负面影响？

（1）完全不符合 （2）不符合 （3）普通 （4）符合

（5）完全符合

五、历史连贯性

1. 您认为京杭大运河（拱墅段）是否涵盖了不同历史时期的城市文化景观的真实信息？

（1）完全不符合 （2）不符合 （3）普通 （4）符合

（5）完全符合

2. 您认为京杭大运河（拱墅段）周边是否现代景观过多，而古代景观、近代工业景观不足？

（1）完全不符合 （2）不符合 （3）普通 （4）符合

（5）完全符合

六、对外交通衔接

1. 您认为京杭大运河（拱墅段）是否开车、地铁、公交到达比较方便？

（1）完全不符合 （2）不符合 （3）普通 （4）符合

（5）完全符合

2. 您认为京杭大运河（拱墅段）与外部的慢行步道、滨水道路衔接紧密，到达方便吗？

（1）完全不符合 （2）不符合 （3）普通 （4）符合

（5）完全符合

七、景观边界

附：缓冲区指非文化景观本身，而是为控制周边建设压力，保护文化景观与周边城市片区风貌协调的目的而划定的区域。

1. 您认为京杭大运河（拱墅段）周边缓冲区风貌控制良好吗？

（1）完全不符合 （2）不符合 （3）普通 （4）符合

（5）完全符合

2. 您认为京杭大运河（拱墅段）周边缓冲区边界划分灵活，符合现状和需求吗？

（1）完全不符合　　（2）不符合　　（3）普通　　（4）符合

（5）完全符合

至此，京杭大运河（拱墅段）城市文化景观韧性评价调查问卷已经全部完成，再次感谢您的认真填写。

附录二：京杭大运河（拱墅段）城市文化景观韧性评价指标权重确定调查问卷

尊敬的受访者：您好！首先，对于您此次参加问卷调查深表谢意！调查问卷用时约5—10分钟，约20题。本次调查仅用于学术研究，分析与结论中不会出现个人信息。研究方法结合德尔菲法与层次分析法，请您对特定两个指标的相对重要性进行比较。

简要说明：在本调查问卷语境下，城市文化景观韧性表现为时间上有序演进、空间上开放协同。城市文化景观韧性具有整体性、连续性和渗透性的内在特征。

其中，整体性：城市文化景观与周围城市背景、历史文脉的整体、系统性。

连续性：城市文化景观在景观、视觉及时间上的连续性。

渗透性：城市文化景观与周边城市片区的融合与联系。

此页为目标层相关指标权重确定。

1. 您认为在京杭大运河（拱墅段）的韧性评价体系中，整体性相对于连续性的重要性是？

（1）极端重要　　　（2）强烈重要　　　（3）明显重要

（4）稍微重要　　　（5）同等重要　　　（6）稍微不重要

（7）明显不重要　　（8）强烈不重要　　（9）极端不重要

2. 您认为在京杭大运河（拱墅段）的韧性评价体系中，整体性相对于渗透性的重要性是？

（1）极端重要　　　（2）强烈重要　　　（3）明显重要

（4）稍微重要　　　（5）同等重要　　　（6）稍微不重要

（7）明显不重要　　（8）强烈不重要　　（9）极端不重要

3. 您认为在京杭大运河（拱墅段）的韧性评价体系中，连续性相对于渗透性的重要性是？

　　（1）极端重要　　　（2）强烈重要　　　（3）明显重要

　　（4）稍微重要　　　（5）同等重要　　　（6）稍微不重要

　　（7）明显不重要　　（8）强烈不重要　　（9）极端不重要

　　（一）整体性相关指标权重确定。

　　4. 您认为在京杭大运河（拱墅段）的韧性评价体系中，风貌协调性相比于重要历史结构（如传统轴线、序列空间等）的保留程度的重要性是？

　　（1）极端重要　　　（2）强烈重要　　　（3）明显重要

　　（4）稍微重要　　　（5）同等重要　　　（6）稍微不重要

　　（7）明显不重要　　（8）强烈不重要　　（9）极端不重要

　　5. 您认为在京杭大运河（拱墅段）的韧性评价体系中，建筑形态协调性相比于体量高度协调性的重要性是？

　　（1）极端重要　　　（2）强烈重要　　　（3）明显重要

　　（4）稍微重要　　　（5）同等重要　　　（6）稍微不重要

　　（7）明显不重要　　（8）强烈不重要　　（9）极端不重要

　　6. 您认为在京杭大运河（拱墅段）的韧性评价体系中，建筑形态协调性相比于空间肌理协调性（如街巷尺度相对统一，具有连续、有层次的公共空间系统）的重要性是？

　　（1）极端重要　　　（2）强烈重要　　　（3）明显重要

　　（4）稍微重要　　　（5）同等重要　　　（6）稍微不重要

　　（7）明显不重要　　（8）强烈不重要　　（9）极端不重要

　　7. 您认为在京杭大运河（拱墅段）的韧性评价体系中，建筑体量高度协调性相比于空间肌理协调性的重要性是？

　　（1）极端重要　　　（2）强烈重要　　　（3）明显重要

　　（4）稍微重要　　　（5）同等重要　　　（6）稍微不重要

（7）明显不重要 （8）强烈不重要 （9）极端不重要

8. 您认为整体性部分是否有不重要或重复的指标？是否有遗漏的重要指标？【没有可不填】 ［多选题］

□建筑形态协调性

□高度体量协调性

□空间肌理协调性

□重要历史结构的保留程度

□有遗漏的重要指标 _____

（二）连续性相关指标权重确定。

9. 您认为在京杭大运河（拱墅段）的韧性评价体系中，景观连续性相比于视觉连续性的重要性是？

（1）极端重要 （2）强烈重要 （3）明显重要

（4）稍微重要 （5）同等重要 （6）稍微不重要

（7）明显不重要 （8）强烈不重要 （9）极端不重要

10. 您认为在京杭大运河（拱墅段）的韧性评价体系中，景观连续性相比于历史连贯性的重要性是？

（1）极端重要 （2）强烈重要 （3）明显重要

（4）稍微重要 （5）同等重要 （6）稍微不重要

（7）明显不重要 （8）强烈不重要 （9）极端不重要

11. 您认为在京杭大运河（拱墅段）的韧性评价体系中，视觉连续性相比于历史连贯性的重要性是？

（1）极端重要 （2）强烈重要 （3）明显重要

（4）稍微重要 （5）同等重要 （6）稍微不重要

（7）明显不重要 （8）强烈不重要 （9）极端不重要

12. 您认为在京杭大运河（拱墅段）的韧性评价体系中，慢行步道、客运航线等路径的连通性相比于景观要素在空间上的连续分布的重要性是？

（1）极端重要　　　（2）强烈重要　　　（3）明显重要

（4）稍微重要　　　（5）同等重要　　　（6）稍微不重要

（7）明显不重要　　（8）强烈不重要　　（9）极端不重要

13. 您认为在京杭大运河（拱墅段）的韧性评价体系中，视线廊道通透性相比于视线仰角（周边城市片区建筑高度与观景者水平距离比值）的重要性是？

（1）极端重要　　　（2）强烈重要　　　（3）明显重要

（4）稍微重要　　　（5）同等重要　　　（6）稍微不重要

（7）明显不重要　　（8）强烈不重要　　（9）极端不重要

14. 您认为在京杭大运河（拱墅段）的韧性评价体系中，历史层积完整性相比于不同历史时期风貌比例的重要性是？

（1）极端重要　　　（2）强烈重要　　　（3）明显重要

（4）稍微重要　　　（5）同等重要　　　（6）稍微不重要

（7）明显不重要　　（8）强烈不重要　　（9）极端不重要

15. 您认为连续性部分是否有不重要或重复的指标？是否有遗漏的重要指标？【没有可不填】　［多选题］

□路径连通性

□景观要素连续分布

□视线廊道通透性

□视线仰角

□历史层积完整性

□不同历史时期风貌比例

□有遗漏的重要指标 _____

（三）渗透性相关指标权重确定。

16. 您认为在京杭大运河（拱墅段）的韧性评价体系中，对外交通衔接相比于文化景观缓冲区的重要性是？

　　（1）极端重要　　　（2）强烈重要　　　（3）明显重要

　　（4）稍微重要　　　（5）同等重要　　　（6）稍微不重要

　　（7）明显不重要　　（8）强烈不重要　　（9）极端不重要

　　17. 您认为在京杭大运河（拱墅段）的韧性评价体系中，车行可达性相比于慢行系统对外衔接性的重要性是？

　　（1）极端重要　　　（2）强烈重要　　　（3）明显重要

　　（4）稍微重要　　　（5）同等重要　　　（6）稍微不重要

　　（7）明显不重要　　（8）强烈不重要　　（9）极端不重要

　　18. 您认为在京杭大运河（拱墅段）的韧性评价体系中，缓冲区风貌控制相比于缓冲区边界划分合理性（如灵活动态的划分）的重要性是？

　　（1）极端重要　　　（2）强烈重要　　　（3）明显重要

　　（4）稍微重要　　　（5）同等重要　　　（6）稍微不重要

　　（7）明显不重要　　（8）强烈不重要　　（9）极端不重要

　　19. 您认为渗透性部分是否有不重要或重复的指标？是否有遗漏的重要指标？【没有可不填】　［多选题］

　　□车行可达性

　　□慢行系统对外衔接性

　　□缓冲区风貌控制

　　□缓冲区边界划分合理性

　　□有遗漏的重要指标＿＿＿＿＿＿＿＿＿＿＿＿